ISBN 978-3-662-37645-4 ISBN 978-3-662-38434-3 (eBook)
DOI 10.1007/978-3-662-38434-3

Erwin Baur.

DEM ANDENKEN

AN

ERWIN BAUR

*

Sonderdruck aus Die Naturwissenschaften 1934. 22. Jahrg., Heft 17/18
(Verlag von Julius Springer, Berlin W 9)

Erwin Baur.

Von MAX HARTMANN, Berlin-Dahlem.

Am Vormittag des 2. Dezember des vorigen Jahres fand im Harnack-Haus in Dahlem die weihevolle Gedenkfeier für CARL CORRENS, den Begründer der neuen Vererbungslehre, statt. In der darauffolgenden Nacht starb ERWIN BAUR. Während wir CORRENS die Grundlegung der neuen Vererbungswissenschaft verdanken, ist es das Verdienst BAURS, daß diese neue Wissenschaft sich so rasch verbreitet und allgemein Beachtung und Anerkennung gefunden hat. Unerwartet und viel zu früh ist BAUR aus seiner Arbeit herausgerissen worden. Das ist um so schmerzlicher, als die Haupternte dieses Arbeitslebens noch aussteht. Was das Leben und Werk dieser einzigartigen Persönlichkeit so unersetzlich macht, war die seltene Kombination eines hervorragenden Wissenschaftlers mit dem kühnen zugreifenden Praktiker. Wer einmal von ERWIN BAUR draußen in Müncheberg in seinem Institut und seinen Versuchsfeldern herumgeführt wurde und von ihm in seiner mitreißenden Art Näheres über die vielen im Gang befindlichen Züchtungsversuche hörte, dem ist sicher ein tiefer, nachhaltiger Eindruck geblieben und die Überzeugung von der Größe dieses Mannes und seines Werkes, das ganz seine eigene Schöpfung war. Der Fachgenosse staunte bei einer solchen Führung immer wieder über die großen praktischen Erfahrungen und über die Kühnheit und Sicherheit, mit der BAUR neue Wege einschlug, um die Not der deutschen Landwirtschaft zu überwinden. Und bei dem Praktiker kam dazu noch das Staunen über den Reichtum neuer wissenschaftlicher Ideen, die hier für die Landwirtschaft nutzbar gemacht wurden.

BAUR stammt aus Süd-Baden, wo er in Ichenheim am 16. April 1875 als Sohn des Apothekers WILHELM BAUR geboren wurde. Er studierte an verschiedenen Universitäten Medizin, war aber schon während dieser Zeit ein Jahr lang Assistent am Botanischen Institut in Kiel. Nach Vollendung seines medizinischen Studiums 1900 hatte er kurze Zeit eine Assistentenstelle inne an der Psychiatrischen Klinik in Kiel und der Badischen Landesirrenanstalt, 1903 wendet er sich ganz der Botanik zu und promovierte bei OLTMANNS in Freiburg noch im selben Jahre. Im Oktober des gleichen Jahres kam er als Assistent an das Botanische Institut der Universität Berlin und habilitierte sich dort 1904.

Gerade in dieser Zeit hatte sich in der Biologie eine entscheidende Wandlung vollzogen, indem seit der Wiederentdeckung der MENDELschen Regeln im Jahr 1900 durch CORRENS und seine Nachfolger die neue experimentelle Vererbungswissenschaft sich zu entwickeln begonnen hatte. In Berlin und auch den meisten übrigen deutschen Universitäten war kein günstiger Boden für die Aufnahme dieser neuen Entwicklung der Biologie. Viele der maßgebenden Professoren brachten der neuen Wandlung wenig Verständnis entgegen. Der Privatdozent BAUR war der erste junge Botaniker in Deutschland, der sich mit großer Begeisterung und der ganzen Wucht seiner energischen Persönlichkeit diesem neuen Gebiet zuwandte. Seiner Wirksamkeit ist der rasche Sieg der neuen Wissenschaft in erster Linie zu verdanken. Das geschah nicht nur durch eine große Anzahl eigener experimenteller Forschungen; wesentlich trug dazu bei die Gründung einer Zeitschrift, der Zeitschrift für induktive Abstammungs- und Vererbungslehre (1908), von der heute bereits 65 Bände erschienen sind, sowie vor allem auch die Herausgabe eines ausgezeichneten Lehrbuches dieser jungen Wissenschaft, das heute in 11000 Exemplaren verbreitet ist. Wie HAECKEL in Deutschland dem Sieg der DARWINschen Gedanken zum Durchbruch verholfen hat, so bereitete BAUR der Verbreitung der neuen Vererbungswissenschaft den Weg. Gleich CORRENS hatte er es dabei nicht leicht. Aber seine kämpferische ungestüme Natur setzte sich rascher durch, als die stille Gelehrtennatur von CORRENS. Da im alten Botanischen Institut und Botanischen Garten in Berlin die Möglichkeit zu solchen Versuchen nicht bestand, zog er nach Friedrichshagen und machte in einem gemieteten Schrebergarten seine Versuche. Das blieb auch noch so, als er 1911 zunächst Professor der Botanik an der Landwirtschaftlichen Hochschule in Berlin wurde und 1914 es erreichte, daß die erste Professur für Vererbungswissenschaft für ihn an dieser Hochschule errichtet wurde. Erst 1915 erhielt er auf Potsdamer Sandgelände den ersten größeren Versuchsgarten. Trotzdem die Bedingungen dort denkbar ungünstig waren, ließ sich BAUR nicht entmutigen, und es ist erstaunlich, was alles seinem Organisationstalent auch unter diesen ungünstigen Bedingungen gelang. Seine Bemühungen, nach dem Krieg auf besserem Gelände einen besseren Versuchsgarten und ein Institut zu erhalten, mißlangen, obwohl Gebäude und Boden in Potsdam aus öffentlichem Besitz leicht zu beschaffen gewesen wären. Aber er verfolgte seinen Plan weiter. In der ersten öffentlichen Versammlung der Notgemeinschaft der deutschen Wissenschaft in der alten Aula der Berliner Universität hatte er in Anwesenheit des Reichspräsidenten EBERT, mehrerer Minister und vieler hoher Beamten Gelegenheit, die Bedeutung der neuen Vererbungswissenschaft für die Landwirtschaft darzulegen, und in seiner offenen und doch nie verletzenden Weise führte er dabei aus, daß man einen großen Teil des Hungers während des Weltkrieges hätte vermeiden können, wenn man so, wie das in Schweden geschehen sei, rechtzeitig die praktische Ausnutzung der modernen Erkenntnisse für die Pflanzenzucht in Deutschland ermöglicht hätte. Damit hatte er die Geister aufgerüttelt und nun gelang es endlich, zunächst 1922 in Dahlem das Institut für Vererbungsforschung zu gründen. Aber bald sah BAUR, daß dieser Rahmen für die großen Möglichkeiten, die durch die Vererbungswissenschaft der Pflanzenzüchtung geboten werden, noch viel zu eng war. Wohl konnten an dem Dahlemer Institut die theoretischen Fragen weitgehend bearbeitet werden, aber es zeigte sich, daß die sich daraus ergebende praktische Züchtungsarbeit der wichtigen landwirtschaftlichen Kulturpflanzen nur an einem großen reinen Forschungsinstitut in wirklich großzügiger Weise gelöst werden können. Seiner Initiative und seiner Tatkraft, für die Hindernisse nur da waren, damit sie überwunden wurden, gelang es dann, das große Kaiser-Wilhelm-Institut für Züchtungsforschung in Müncheberg zu gründen. Mit einem großen Stab begeisterter Mitarbeiter und Schüler konnte er nun alle Gebiete der praktischen Pflanzenzüchtung, bei denen die neue Vererbungswissenschaft nur in irgendeiner Weise Aussicht auf Erfolg vermuten ließ, in Angriff nehmen.

BAUR war zunächst rein theoretischer wissenschaftlicher Vererbungsforscher und hat als solcher eine führende Rolle nicht nur in Deutschland, sondern in der ganzen Welt gespielt. Sein Hauptversuchsobjekt war dabei von Anfang an das Gartenlöwenmäulchen, *Antirrhinum majus*. Seinen bedeutendsten wissenschaftlichen Erfolg erzielte er allerdings nicht mit diesen rein genetischen Arbeiten, sondern durch seine Untersuchungen über die Sektorial- und Perichinalchimären von *Pelargonium*. Es gelang ihm der Nachweis, daß diese merkwürdigen Pflanzen gewissermaßen Doppelwesen sind, in denen Gewebe zweier genetisch verschiedener Sippen zu einem einheitlichen Organismus verbunden sind. Und mit dem ihm eigenen sicheren Blick erkannte er sofort, daß die gleichzeitig von WINKLER hergestellten sogenannten Pfropfbastarde zwischen Nachtschatten und Tomaten derartige Chimären sind. Damit fand er auch die richtige Erklärung für die aus der botanischen Literatur seit langem bekannten Pfropfbastarde der Crataegomespili und des *Citysus adami*. Auf rein genetischem Gebiet liegen zwar keine der ganz großen grundlegenden Entdeckungen von ihm vor, wie wir sie etwa von CORRENS, MORGAN und GOLDSCHMIDT besitzen, aber er zählte immer zu den Spitzenforschern auf diesem mit erstaunlicher Schnelligkeit sich entwickelnden neuen Gebiet. Wo irgendeine neue Fragestellung auftauchte, erkannte er sofort ihre Bedeutung, stellte neue, groß angelegte Versuche an und verhalf ihr zur Lösung. Erstaunlich war, wie er bei zunächst strittigen Fragen mit unfehlbarer Sicherheit sich immer auf die Seite stellte, die sich später als die richtige erwiesen hat. Ein drastischer Beleg hierfür ist seine schon erwähnte Erklärung der Pfropfbastarde. So verfocht er auch sofort den Standpunkt, daß es keine dauernde intermediäre Vererbung bei Bastarden gäbe, sondern auch hier eine komplizierte Aufspaltung stattfände. Als während des Krieges und nach dem Kriege die ersten Nachrichten über die epochemachenden neuen Befunde von MORGAN und seinen Mitarbeitern über die gekoppelte Vererbung und den Faktorenaustausch sowie die Erklärung dieser merkwürdigen abweichenden Vererbungserscheinungen durch die Chromosomentheorie bei uns bekannt wurden, war er es wieder, der sofort bei seinem alten Versuchsobjekt, dem Löwenmäulchen, zeigte, daß hier dieselben komplizierten Gesetzmäßigkeiten sich finden. Vor allem war er einer der ersten, der auf die kleinen Mutationsschritte, die von den Forschern früher unbeachtet geblieben waren, aufmerksam wurde und auf die große Bedeutung derselben für das Problem der Artumbildung hinwies. Auch die experimentelle Auslösung von Mutationen durch Röntgenstrahlen und andere Methoden wurden sofort nach der Entdeckung des Amerikaners MULLER von ihm aufgegriffen und von ihm und seinen Mitarbeitern großzügig weiterbearbeitet.

Hätte so schon BAURS rein wissenschaftliche Tätigkeit genügt, um seinen Namen dauernd zu einem führenden der Vererbungswissenschaft zu machen, so kam doch noch ein zweites hinzu, was sonst bei hervorragenden Männern der Wissenschaft nur selten sich findet, sein außerordentlich praktischer Blick für die Anwendungsmöglichkeit der von ihm betriebenen Wissenschaft. Schon sehr früh sah er die vielen Möglichkeiten, von der Vererbungswissenschaft aus zu weitgehenden Verbesserungen unserer Kulturpflanzen und Haustiere zu gelangen, und schon früh erkannte er auch die Bedeutung, die den neuen Erkenntnissen für den Menschen, für Staat und Volk zukommt. Während BAUR zunächst nur rein theoretisch auf diese Bedeutungen immer wieder hinweist und sich in Tierzucht und Eugenik begnügt, als drängender Anreger zu wirken, beginnt er schon früh mit eigenen pflanzenzüchterischen Versuchen und wird schließlich selbst zu dem großen praktischen Pflanzenzüchter. So fand seine reiche, vielseitige Persönlichkeit erst in seinem Müncheberger Institut die volle Entfaltungsmöglichkeit. Sein großes Organisationstalent und seine Kampfnatur, sein weiter wissenschaftlicher Blick und sein Sinn für praktische Möglichkeiten und praktische Bedürfnisse konnten sich jetzt aufs glücklichste auswirken. Sein Ideenreichtum, sein Temperament, sein freundliches und großzügiges Wesen wirkte mitreißend auf die große Zahl seiner Mitarbeiter, die er sich selbst herangezogen hat. Dabei beschränkte sich die Arbeit nicht nur auf die praktischen Züchtungsaufgaben, auch die rein theoretischen Vererbungsversuche werden mit derselben Intensität weiter betrieben, in der richtigen Erkenntnis, daß größte praktische Ergebnisse nur von dem auf die Dauer erzielt werden, der auch in der zugrundeliegenden reinen Wissenschaft mit an der Spitze der Forschung marschiert. Was er hier mit seinen Mitarbeitern bereits für die deutsche Landwirtschaft geleistet hat — erinnert sei nur an den Sandweizen und die Züchtung der Süßlupine —, und was hier an vielversprechenden Züchtungsaufgaben in seinem Institut in Arbeit ist, das bedeutet ein Kapital für

Deutschland, dessen Größe gar nicht zu ermessen ist. Sein Optimismus und seine Energie schreckte vor den kühnsten Aufgaben nicht zurück, und wenn manchem der kritischer eingestellten Besucher vielleicht viele dieser Pläne zunächst zu kühn erschienen, so mußte doch mancher bei späterem Besuch mit Staunen zugeben, daß BAUR auch hier mit seinem Draufgängertum mehr oder minder recht hatte. Die in den folgenden Zeilen von den verschiedenen Mitarbeitern BAURS niedergelegten kurzen Berichte über die Ergebnisse und Ziele der Arbeiten des Müncheberger Instituts lassen erkennen, daß der Tod des Urhebers dieser Arbeiten für das deutsche Volk mehr bedeutet als der Verlust eines seiner großen Forscher. Denn eine solche Kombination verschiedener Gene, wie sie in der Person BAURS vereinigt waren, und mit der allein es ihm möglich war, die großen Aufgaben, die er sich gestellt hat, einer Lösung entgegenzuführen, ist ein Geschenk, das ein gütiges Geschick nicht allzu oft verleiht.

Das von BAUR errichtete Gebäude ist zwar unvollendet, aber die Fundamente und Konstruktionen sind von ihm errichtet, auch der Hauptplan liegt von dem großen Baumeister vor und er hat sich eine Schar ergebener tüchtiger Bauleute herangebildet. Man kann der deutschen Wissenschaft und dem deutschen Volk nur wünschen, daß die richtigen Wege gefunden werden, daß die erprobten eingearbeiteten Bauleute unter neuer Führung den Bau ihres Meisters in ungestörter Arbeit vollenden können.

Berichte des Kaiser Wilhelm-Institutes für Züchtungsforschung in Müncheberg (Mark).

a) Theoretische Arbeiten über Vererbung bei Pflanzen.

Entwicklung und Stand der Mutationsforschung in der Gattung Antirrhinum.

Von H. STUBBE, Müncheberg.

Im Jahre 1924 hat E. BAUR in einer monographischen Bearbeitung vom Wesen, der Entstehung und der Vererbung von Rassenunterschieden beim Gartenlöwenmaul *Antirrhinum majus* über den derzeitigen Stand der Mutationsforschung an diesem Objekt ausführlich berichtet. Die Probleme der Mutationsforschung kreisten in den ersten Jahren der wissenschaftlich begründeten Vererbungslehre vornehmlich um die Frage nach der Art des Vorganges, d. h. der stofflichen Grundlage, auf dem die Veränderung der Reaktionsnorm beruht, und um die Frage nach dem Ursprung der Mutationen, d. h. dem Ort ihrer Entstehung in der Ontogenese. Für die Lösung dieser beiden Probleme konnte BAUR auf Grund seiner schon 1904 begonnenen umfangreichen Versuche mit *Antirrhinum majus* Entscheidendes beitragen. Er zeigte, daß innerhalb der Species *A. majus* größtenteils Gen- oder Faktormutationen auftraten — und zwar in viel größerer Häufigkeit als angenommen wurde —, daß also alle Unterschiede zwischen den verschiedenen Rassen bis auf wenige Ausnahmen genisch bedingt sind. Es ließ sich ferner aus der Art, wie Mutationen erstmalig bei *Antirrhinum* auftreten, sagen, daß sie, von wenigen somatisch häufig rückmutierenden Genen abgesehen, vornehmlich bei der Entwicklung der Geschlechtszellen, also in irgendeinem Stadium der Sporo- bzw. der Gametogenese entstehen müssen.

Aber die Kenntnis der Gesetzmäßigkeiten des Mutierens schloß auch die Frage nach den Ursachen der Mutationen in sich, die für die schon im Zeitalter DARWINS diskutierte Frage nach der Rolle der Mutationen in der Evolution von großer Bedeutung ist. BAUR hat zu dieser letzten Frage, unabhängig von der nach den Ursachen der Mutationen, mehrfach Stellung genommen, und seine schon früh geäußerten Vermutungen haben sich gerade durch seine Arbeiten der letzten Jahre bestätigt. Er beobachtete, daß neben den sehr auffälligen Genmutationen, die meist pathologische Veränderungen bewirken, in großer Zahl auch Kleinmutationen auftreten, die im allgemeinen die Lebensfähigkeit der Mutationen nicht verringern, sondern gelegentlich sogar steigern. Aus der Tatsache, daß sich die wilden Sippen der Species *Antirrhinum majus* und einander nahestehende Species der Sectio *Antirrhinastrum* nur durch eine mehr oder weniger große Zahl von Genen unterscheiden, von denen jedes einzelne von derselben Art ist, wie die immer wieder im Experiment entstehenden Kleinmutationen, schloß BAUR, daß die Unterschiede nahe verwandter Arten auf eine im Laufe der Zeit erfolgte Summierung der Kleinmutationen zurückzuführen seien. Bestärkt wurde er in dieser Auffassung durch die Konstanz der Chromosomenzahl in der Gattung und durch die Tatsache, daß er Plasmaunterschiede durch reziproke Kreuzungen auch entfernt stehender Arten niemals nachweisen konnte.

Die Besonderheiten des Objektes, nämlich die schon spontan sehr ausgeprägte Variabilität in allen Merkmalen, das bevorzugte Auftreten von Genmutationen, die autogame Fortpflanzung, das Vorhandensein reiner Linien u. a. m. ließen *Antirrhinum* seit langem geeignet erscheinen, Versuche zum Problem der Erforschung der Ursachen der Genmutationen vorzunehmen. BAUR hat wiederholt selbst (1908, 1916) mit Versuchen zur experimentellen Auslösung von Genmutationen bei *Antirrhinum* begonnen, nachdem durch die ersten überhaupt beobachteten Fälle einer willkürlichen Veränderung von Erbanlagen die Möglichkeit, das Problem anzugreifen, gegeben war.

Die eigenen Versuche BAURS zu diesem Thema sind jedoch nie über das Maß von Tastversuchen hinausgekommen, weil seine umfassende Tätigkeit auf anderen Gebieten ihm in den letzten Jahren weder Zeit noch Ruhe für ausgedehnte wissenschaftliche Arbeit ließen und weil das vorhin schon angedeutete Problem der Speciesbildung in der Gattung *Antirrhinum* ihn vordringlich beschäftigte. Über das Problem der Mutationsauslösung ist aber seit 1918 stets unter BAUR gearbeitet worden.

Als erste hat E. STEIN vom Jahre 1918 ab Radiumbestrahlungen von Samen, Vegetationskegeln und Blütenknospen einer bestimmten Antirrhinumsippe vorgenommen. Es gelang ihr, Mutationen auszulösen. Gewebsembryologische Untersuchungen der veränderten Pflanzen ließen schwere Gewebserkrankungen erkennen, die in ihren Entwicklungsvorgängen tierischen und menschlichen Carcinomen ähnlich sind und die deshalb als Phytocarcinome bezeichnet wurden. Aus der Nachkommenschaft eines 6stündig bestrahlten Embryos, die bisher 8 Generationen hindurch verfolgt wurde, konnte der Nachweis für die Erblichkeit des Krankheitskomplexes erbracht werden, und es gelang durch Kreuzung der kranken Individuen mit der normalen Stammsippe 3 Erbanlagen zu isolieren, von denen die erste zahlenmäßig die Forderung eines rezessiv mendelnden Gens, ca_1 (Carcinom 1) erfüllt. E. STEIN ist bemüht, auch die übrigen noch im Mutationskomplex vorhandenen Anlagen zu isolieren, die die extremsten krebsigen Gewebeentartungen enthalten. Wieviele Gene in dem Krankheitskomplex stecken, ist noch unsicher, da die Analyse durch die sehr variablen Phänotypen, die hochgradigen Sterilitätserscheinungen und Letalwirkungen schwierig ist. Außerdem werden noch andere, durch einmalige Bestrahlung entstandene Krankheitskomplexe untersucht, die gleichfalls Gewebeentartungen hervorrufen.

E. BAUR hat auch im Anschluß an die Versuche STEINS wiederholt mit Experimenten begonnen, um durch Einwirkung verschiedener Chemikalien Mutationen auszulösen. Er wandte dabei meist die Methodik des Tauchbades älterer oder die Zentrifugierung junger Pflanzen an. Die letzte etwas größere Versuchsserie dieser Art wurde im Jahre 1927 angesetzt. Es ließ sich in diesem Versuch, wenn man die F_2- und F_3-Kulturen zusammenfaßte, eine Steigerung der Mutationsrate feststellen, doch ist an dem bisher vorhandenen Material die statistische Sicherung der Erhöhung des Mutationskoeffizienten noch in Frage gestellt. Die Chemikalienversuche sind im Anschluß an die letzte Versuchsserie BAURS von mir Jahr für Jahr weitergeführt worden. Es handelt sich bei ihnen in erster Linie darum, spezifisch wirkende Verbindungen zu finden, und es ist daher erforderlich, systematisch einzelne Chemikaliengruppen auf ihre Wirkungsweise zu prüfen. Obwohl verschiedentlich eine bedeutende Erhöhung der Genmutationsrate festzustellen war, hat sich bisher eine spezifische Wirkung bestimmter Präparate nicht nachweisen lassen.

Im Frühjahr 1928 wurden die ersten Versuche zur Mutationsauslösung durch Röntgenstrahlen mit *Antirrhinum* begonnen. Nach den Arbeiten der Drosophila-Forscher, insonderheit nach den Untersuchungen H. J. MULLERS, war zu erwarten, daß die Erhöhung der Mutabilität unter dem Einfluß kurzwelliger Strahlen nicht nur für Drosophila, sondern für alle Organismen zutreffe, und daß die einzelnen Objekte lediglich in der Reaktionsschärfe voneinander verschieden sein könnten. Es wurde deshalb bei Antirrhinum ein größerer Versuch angesetzt, um durch exakte Dosierungen und durch Bestrahlung mit verschiedenen Härtegraden die Reaktion dieses Objektes zu ermitteln. Bestrahlt wurden Pflanzen im Knospenstadium. Gearbeitet wurde in diesem wie auch in allen weiteren Versuchen mit der Sippe 50 (del del), die seit 1907 konstant ist und die seitdem stets durch Selbstbestäubung vermehrt wurde. Der spontane Mutationskoeffizient dieser Sippe beträgt auf Grund umfangreichen Materials 1,0%, d. h. von je 100 Pflanzen ist im Durchschnitt 1 heterozygot für ein neues Gen.

Dieser Versuch ergab, daß in dem benutzten Spannungsbereich von 8—70 kV bei Anwendung gleicher Dosen Unterschiede in der Höhe der Mutabilität nicht festzustellen waren. Damit wurde auch eine bei Drosophila gemachte Erfahrung bestätigt. Es ergab sich ferner eine deutliche Beziehung zwischen Dosis und Mutationsrate. Mit Ausnahme bei der 400 r-Dosis, bei der irgendeine Störung vorliegt, steigt die Mutationsrate von Dosis zu Dosis an; eine positive Beziehung zwischen beiden Größen war also unverkennbar. Jedoch erreicht die Erhöhung des Mutationskoeffizienten in einem solchen Versuch bei weitem nicht die Höhe, die bei Drosophila gefunden wurde. Während bei Antirrhinum nur die deutlich von der Norm abweichenden sichtbaren Mutationen gezählt werden, sind die meisten Genmutationen bei Drosophila letale Mutationen, die bei Antirrhinum noch nicht erfaßt werden können. Man kann also nicht ohne weiteres die Mutabilität beider Objekte miteinander vergleichen.

In dem ersten Versuch, der Bestrahlung von Knospen in verschiedenen Entwicklungsstadien, wurde beobachtet, daß Mutationen in hohem Maße in denjenigen Knospen ausgelöst wurden, in denen zur Zeit der Bestrahlung das Stadium der Reifeteilung bestimmt vorüber war. Dieses Ergebnis führte dazu, reifen befruchtungsfähigen Pollen zu bestrahlen und seine Reaktion zu untersuchen. Ließe sich nachweisen, daß er mit ähnlicher Schärfe reagiert wie andere Stadien der Sporenentwicklung, so besäße man in diesem Entwicklungsstadium der Haplophase des männlichen Geschlechts ein Objekt mit vielen Vorteilen. Zunächst hat man einen relativ einfachen Körper vor sich, und zweitens kann eine sehr weitgehende Gleichmäßigkeit im Entwicklungsstadium zur Zeit der Bestrahlung erreicht werden. Man kann bei Pollenbestrahlungen ferner sehr genaue Dosierungen vornehmen, da eine Absorption von Strahlen im somatischen Gewebe, mit der man bei Knospenbestrahlungen immer zu rechnen hat, hierbei nicht eintritt, und viertens erlaubt die Bestrahlung männlicher Gonen eine genauere Berechnung der Mutationsrate, die sich derjenigen bei Drosophila sehr stark nähert.

Bei einem solchen Versuch, der zusammen mit E. LACHMANN vom Röntgeninstitut des Rudolf Virchow-Krankenhauses im Jahre 1930 durchgeführt wurde, wurden die Pollen sehr dünn auf Pergaminpapier ausgestrichen, bestrahlt und mit ihnen kurz nach der Bestrahlung Narben kastrierter unbehandelter Blüten derselben Sippe bestäubt. Bestrahlt wurde in diesem Versuch mit 7 verschiedenen Strahlenqualitäten aus dem Grenzstrahlengebiet (8—10 kV), dem weichen Röntgengebiet (30—70 kV) und dem mittelharten Gebiet (125 und 175 kV). Jedes einzelne Strahlengebiet wurde mit einem Spezialapparat erzeugt, und mit den 3 verschiedenen Apparaten wurden die gleichen Dosen in geometrischer Progression von 100—3200 r gegeben. Zur Berechnung der Mutationsrate in diesem Versuch sei bemerkt, daß sie auf der Zahl der bestrahlten Gonen, die gleich der Zahl der herangezogenen F_1-Pflanzen ist, beruht. Die Steigerung der Mutationsrate wurde also lediglich auf das männliche Geschlecht bezogen, die spontane Mutationsrate beträgt in diesem Fall 0,5 %.

Das Ergebnis dieses Versuches war insofern überraschend, als sich in jedem der Teilversuche ganz unerwartete, aber untereinander ähnliche Mutationskurven feststellen ließen. Wir fanden einen Anstieg der Mutationsrate bis zur 400 r-Dosis, dann einen Abfall zur 1600 r-Dosis, nach der die Kurve wieder von neuem anstieg. Wenn man die gleichen Dosen der verschiedenen Strahlenqualitäten zusammenfaßte, so zeigte sich, daß die Differenz zwischen der 400- und 1600 r-Dosis statistisch gesichert war, so daß also der Abfall zur 1600 r-Dosis wohl kaum als das Ergebnis zufällig im gleichen Sinne wirkender Schwankungen zu werten ist. Es lag zunächst nahe, anzunehmen, daß die Kurve die Resultierende zweier ganz verschiedener biologischer Prozesse ist. Einmal der zwischen Dosis und Genmutationsrate bestehenden Proportion, zum anderen der allmählichen Hemmung und Abtötung der Pollenkörner infolge der immer größer werdenden Strahlenschädigung. Diese Interpretation stößt aber auf Schwierigkeiten, die ich hier nicht näher erörtern will, sie wurde deshalb fallen gelassen. Es ist eine andere Deutung wahrscheinlicher, nämlich die, daß die Strahlen im Zellkern Gebiete verschieden hoher Strahlenempfindlichkeit treffen, von denen einige schon bei niederen Dosen (bis zu 400 r) in hohem Prozentsatz mutieren, während andere erst bei Dosen um 3200 r in ihrem relativ stabilen Gefüge erschüttert werden. Das Ergebnis ist aber nur verständlich, wenn man die Annahme macht, daß in jedem dieser Gebiete die Höhe der Mutabilität begrenzt ist, falls überhaupt noch eine lebensfähige Gamete entstehen soll. Allein auf dieser Basis wäre ein wellenförmiger Verlauf der Kurve denkbar. Das Tal der Kurve im Bereich von 800—1600 r würde dann aussagen, daß die Mutabilität der labilen Gebiete so hoch gewesen ist, daß lebensfähige Gameten nicht mehr entstehen konnten, während andererseits in den weniger geschädigten Pollenkörnern die Mutabilität der stabilen Gebiete noch nicht eingesetzt hat. Dann würden in diesem Quantitätsbereich (800—1600 r) größtenteils normale Gameten zur Befruchtung gelangen, die Mutationsrate müßte fallen. Ob diese Hypothese richtig ist, muß an Hand größeren Materials nachgeprüft werden, das ich schon in diesem Sommer aus Pollenbestrahlungen mit einer sehr harten Strahlung (500 kV) zu erhalten hoffe. Wenn die skizzierte Hypothese vom Vorhandensein verschieden strahlenempfindlicher Gebiete oder loci im Chromosom richtig ist, dann muß allerdings angenommen werden, daß zwischen den labilen und den stabilen loci bzw. Chromosomenbereichen kein fließender Übergang besteht, sondern daß sie mehr oder weniger scharf voneinander getrennt sind. Nur das Fehlen von Bereichen, die in ihrer Empfindlichkeit zwischen beiden Gruppen liegen, könnte den Abfall der Kurve erklären. Mit anderen Worten würden die Gene in ihrer Konstanz keine fließende Reihe bilden, von relativ labilen über alle Grade der Stabilität bis zu hochstabilen, sondern es würden bei Antirrhinum relativ labile und relativ stabile loci existieren. Wir haben heute schon einen Hinweis, daß die Hypothese zu Recht besteht. Es wurde in Müncheberg in jedem der letzten Jahre die Erfahrung gemacht, daß in neuen Versuchen die Zahl der schon von früher her bekannten Mutationen immer größer wird, wenn man mit schwachen Reizen arbeitet. Es muß also loci geben, die labil sind, besonders leicht zur Mutation neigen, im Gegensatz zu solchen, die nur unter ganz extrem veränderten Bedingungen mutieren.

Es zeigt sich nun in dem eben geschilderten Versuch, daß auch hier nach niederen Dosen meist Mutationen auftreten, die schon aus früheren Versuchen, in denen mit ähnlichen Strahlenquantitäten gearbeitet wurde, bekannt sind. Steigert man die Dosis, so treten derartige Mutationen immer seltener auf, und immer häufiger werden Formen, die auf einem Mutationsschritt derjenigen loci beruhen, die unter normalen Bedingungen oder nach schwachen Reizen nicht mutieren. Es spricht also vieles dafür, daß bei Antirrhinum nach starken Dosen andere Mutationen auftreten als nach schwachen, eine Erfahrung, die bei Drosophila bisher nicht gemacht zu sein scheint. Um auch für diese Frage, die also ganz im Sinne der Deutung des Pollenversuches liegen würde, größeres Material zu erhalten, wurden in einem neuen Versuch dank der Freundlichkeit von Herrn Prof. GLOCKER und Herrn Dr. LANGENDORFF in Stuttgart mit einer Spezialapparatur sehr hohe Dosen, bis zu 20000 r, gegeben. Selbst nach diesen starken Dosen wird der Pollen noch nicht vollständig getötet, man erhält Samen, und ich hoffe, im nächsten Jahr an statistisch einwandfreiem Material auch diese Behauptung zu beweisen.

Es sei im Rahmen der strahlengenetischen Untersuchungen mit Antirrhinum noch ein weiterer Versuch genannt, in dem festgestellt werden sollte, ob auch Strahlen anderer Spektralbereiche eine mutationsauslösende Wirkung zukäme. Vor allen Dingen waren Strahlen zu prüfen, die sich nach der langwelligen Seite an die Röntgenstrahlen anschließen, also das Gebiet des Ultraviolett und des sichtbaren Lichtes, Gebiete, die ja in der Sonnenstrahlung in beträchtlichem Prozentsatz vorhanden sind. Diese Frage gewinnt für unsere Vorstellungen von der Ursache der Spontanmutationen erhebliche Bedeutung. Wir wissen ferner, daß von einer spezifischen Wirkung der Röntgenstrahlen nicht gesprochen werden kann. Es war daher gleichzeitig zu untersuchen, ob bei ganz stark gefiltertem Licht, bei dem praktisch nur mit einer einzigen Wellenlänge gearbeitet wird, eine spezifische Wirkung einzelner Wellenlängen zu konstatieren ist.

Hinzu kommt, daß Röntgen- und Lichtstrahlen in ganz verschiedener Weise auf den Mechanismus der lebenden Substanz einwirken. Die Absorption der Röntgenstrahlen ist zunächst nur als eine Änderung der Energieverhältnisse im Atom aufzufassen. Erst die sekundäre Beta-Strahlung wirkt auf die Moleküle ein, deren Konfiguration zerstört oder verändert werden und damit zur Einleitung weiterer Prozesse Anlaß geben kann. Die langwellige Strahlung des Lichtes dagegen vermag nur an den Molekülen selbst anzugreifen, und die Energieübertragung führt nur dann zur Veränderung des weiteren Ablaufs chemischer Prozesse, wenn bestimmte Atomkonfigurationen vorliegen. Die Wirkungsmöglichkeit der Röntgenstrahlen ist also viel mannigfaltiger als die des Lichtes, so daß vielleicht damit zu rechnen wäre, daß dieser Unterschied in der Qualität der Mutationen zutage tritt. Die Bestrahlungen wurden im Sommer 1931 im Institut für Strahlenforschung der Universität Berlin von Herrn Dr. W. NOETHLING durchgeführt.

Auf die physikalisch-technischen Bedingungen, mit denen die Bestrahlungen vorgenommen wurden, soll hier nicht näher eingegangen werden. Das Ergebnis dieses Versuches war, daß bei Bestrahlung mit der Quecksilberdampflampe in 1 m Abstand bereits nach einer Exposition von 30 Minuten Dauer der Pollen vollständig getötet wird. Bei niedrigeren Dosen tritt unter dem Licht des Gesamtspektrums eine Erhöhung der Genmutationsrate in den Gonen ein, die gegenüber der Mutationsrate in den Kontrollen praktisch gesichert ist. Die Abtötung weist schon darauf hin, daß das kurzwellige UV, dessen schädigende Wirkung ja bekannt ist, hier den letalen Effekt verursacht hat. Diese Vermutung wird bestätigt durch weitere Versuche, in denen in erster Linie das kurzwellige UV wirksam ist, also bei Bestrahlungen unter Zwischenschaltung des ultraviolettdurchlässigen Schwarzglases und schließlich bei den Versuchen mit den isolierten Magnesiumlinien bei 280 mμ. In den übrigen Versuchen mit 313 mμ, 366 mμ und 436 mμ, also den energiereichsten Linien des Quecksilberspektrums, ist der Nachweis einer Erhöhung der Mutationsrate nicht gelungen, die relativ kleinen Ausschläge sind statistisch nicht gesichert. Es läßt sich also aus diesem Versuch schließen, daß für die Abtötung der Pollenkörner wie für die Auslösung der Mutationen das kurzwellige UV von etwa 303—265 mμ verantwortlich zu machen ist. Dieses Ergebnis ist deshalb beachtlich, weil auch im Sonnenspektrum, das bei 290 mμ abschneidet, gleichfalls namhafte Intensitäten aus diesem Gebiet vorhanden sind, die zweifellos häufig im Freien auf den reifen Pollen einwirken. Es sind weitere Untersuchungen geplant, in denen der Einfluß der natürlichen kurzwelligen Strahlung des UV-Spektrums auf die spontane Mutationsrate ermittelt werden soll. Ein Einfluß auf die Qualität der Mutationen nach der Pollenbestrahlung mit Licht war bei dem Umfang des Materials nicht festzustellen.

Mit diesen Versuchen wäre ein Ausschnitt aus den strahlengenetischen Arbeiten mit Antirrhinum gegeben. Es sei noch erwähnt, daß augenblicklich auch der Einfluß von Kathodenstrahlen auf die Mutabilität von Antirrhinum geprüft wird. Es läuft ferner ein Versuch über den Einfluß der kosmischen Ultrastrahlung auf die Mutationsrate von Antirrhinum. Es wurden zu diesem Zweck in 3300 m Höhe auf dem Jungfraujoch Antirrhinumpflanzen kultiviert, einer Höhe, in der die kosmische Ultrastrahlung etwa 10 mal stärker ist als in der norddeutschen Tiefebene. Als Gegensatz zu diesem Versuch wird hoffentlich bald ein anderer möglich sein, in dem Antirrhinumpflanzen an Orten kultiviert werden sollen, in denen die Einflüsse von Strahlen und anderen atmosphärischen Störungen so gut wie ausgeschaltet sind.

Auch die Frage der gerichteten Mutationen ist bei Antirrhinum bereits in Angriff genommen worden, doch muß hier methodisch anders vorgegangen werden als bei Drosophila, da, soweit die bisherigen Versuche zeigen, die Pflanzen abnormen Temperaturen gegenüber äußerst resistent sind. Als ein weiterer Versuch zum Mutationsproblem bei Antirrhinum sei die experimentelle Auslösung von Parallelmutationen in einer selbstfertilen Rasse der Species *Antirrhinum molle Orgiva* genannt, der uns über den Genbestand einer *A. majus* entferntstehenden Species Aufklärung bringen soll.

In den letzten 2 Jahren konnte BAUR bei seinen Arbeiten über Specieskreuzungen in der Gattung Antirrhinum die Feststellung machen, daß in einigen F_2-Kulturen die Mutationsrate erheblich gesteigert war. Dieses Ergebnis bedarf einer intensiven Weiterbearbeitung, war doch die Beobachtung nur im Rahmen anderer Fragestellungen gemacht worden. Es ist geplant, hier mit einer neuen Versuchsserie zu beginnen, in der naturgemäß eine etwas andere Methodik, als BAUR sie für seine Fragen benötigte, angewendet werden muß. Es scheint die Mutabilität um so größer zu sein, je mehr die Elternformen verwandtschaftlich voneinander entfernt sind. Zu erklären ist die Erhöhung der Mutabilität wohl nur mit der starken Heterozygotie der F_1-Pflanzen. Entscheidend wird bei der Bearbeitung des Problems die Lösung der Frage sein, welche inneren Kräfte die Mutation auslösen, und hier bietet sich in der Gattung Antirrhinum ein besonders schönes Material, da wir eine große Zahl von Arten besitzen, die sich verwandtschaftlich schrittweise von *A. majus* entfernen.

Wurden in diesen Ausführungen die bisherigen Ergebnisse kurz erläutert und der Weg gezeigt, in dem die wichtigsten Antirrhinumarbeiten auf dem Gebiete der Mutationsforschung weiterlaufen sollen, so sind in dem sehr großen Material auch viele interessante Sonderfälle aufgetreten, die der weiteren Bearbeitung bedürfen.

Wiederholt wurde beobachtet, daß rezessive Mutanten als homozygote Einzelindividuen entstanden, die nach Selbstung konstant bleiben und nach Kreuzung normal spalten. Auffallend ist vor allem in dem Material, das aus irgendeiner Behandlung stammt, der hohe Prozentsatz an mutablen und labilen Genen, an denen die Frage der Genwirkung gut zu studieren sein wird. Neben zahllosen Genmutationen sind in den letzten Jahren auch die ersten heteroploiden Formen in Gestalt einfacher Trisome beobachtet worden. Bisher wurden 6 Trisome festgestellt, die in verschiedener Häufigkeit auftreten. Durch das überzählige Chromosom wird der Phänotyp der Pflanzen in charakteristischer Form verändert. Bestimmte Versuchsergebnisse deuten darauf hin, daß eine weitere Steigerung der Chromosomenzahl in der Species möglich sein wird, und hier öffnet sich ein neues großes Arbeitsgebiet, das die Möglichkeit, mit Antirrhinum zu experimentieren, auf eine wesentlich breitere Basis stellt.

Fünfundzwanzig Jahre Koppelungsuntersuchungen bei Antirrhinum majus.

Von R. SCHICK, Müncheberg.

Im Jahre 1911 veröffentlichten BATESON und PUNNET ihre ersten Beobachtungen über Faktoren-Koppelung bei *Lathyrus odoratus*. In demselben Jahre berichtet dann BAUR in der ersten Auflage seines Lehrbuches über Versuche bei *Antirrhinum majus* aus den Jahren 1909 und 1910, in denen ebenfalls Koppelung von zwei Faktoren vorlag. 1912 wurden diese Versuche in einer besonderen Arbeit dargestellt. Es handelt sich um die Koppelung von verwaschen rot (Uni)[1] und elfenbeinfarbig (pal_{tin}). Es schien hier noch eine besondere Komplikation vorzuliegen. Die Koppelung trat nämlich nur auf, wenn man eine elfenbeinfarbige mit einer verwaschen roten Pflanze kreuzte. Kreuzte man dagegen eine einfach rote Pflanze mit einer Pflanze, die elfenbeinfarbig war und homozygot für verwaschen rot, — dies konnte man ihr nicht ansehen, sondern nur aus anderen Kreuzungen schließen —, so erhielt man eine ganz normale Spaltung zwischen elfenbeinfarbig und verwaschen rot. Es schien also Koppelung nur aufzutreten, wenn die beiden recessiven Merkmale von der einen Pflanze kamen. Diese Komplikation hat sich erst später aufgeklärt: Es handelte sich bei den Kreuzungen um zwei verschiedene Gene für elfenbein, nämlich die Gene incolorata (inc) und $pallida_{tincta}$ (pal_{tin}). Nur pal_{tin} zeigt Koppelung mit Uni. Inc spaltet frei mit Uni. In derselben Arbeit erwähnt BAUR auch bereits die sehr enge Koppelung „einfarbig" — „rosarücken" (Uni—Ros).

In den folgenden Jahren ist dann von MORGAN und seinen Mitarbeitern bei *Drosophila melanogaster* das große Gebäude der Chromosomentheorie der Vererbung auf Grund umfangreicher Koppelungsanalysen errichtet worden. Außerdem wurden Koppelungen bei einer Anzahl anderer Tiere und Pflanzen gefunden. Bei *Antirrhinum* wurden erst 1925 neue systematische Koppelungsuntersuchungen publiziert. HERZBERG-FRÄNKEL sowohl, als auch SAULESCU vermochten keine neuen Koppelungen nachzuweisen. Sie stellten aber auf Grund ihrer und nicht publizierter BAURscher Versuche acht Gene als Repräsentanten der zu erwartenden acht Koppelungsgruppen auf. 1929 publizierte dann B. HUSFELD in einer gemeinsamen Arbeit von BAUR, HERZBERG-FRÄNKEL, HUSFELD, SAULESCU und SCHIEMANN genauere Untersuchungen der Koppelungen Unicolor—Pallida und Unicolor—Rosea. Auf Grund aller bis dahin bekannten Daten ergab sich — in unserer heutigen Bezeichnung — folgende Chromosomenkarte: s. Fig. 1.

Zur völligen Sicherstellung dieser Karte waren noch folgende Kombinationen zu prüfen: Graminifolia—Aurea, Radialis—Nivea, Graminifolia—Deficiens, Nivea—Delila, Eosin—Incolorata, Eosin—Delila. M. RANKE prüfte einen Teil dieser noch offenen Fragen. Sie konnte 1930 die Koppelung Incolorata—Delila bestätigen und freie Spaltung nachweisen für Incolorata—Eosin und Eosin—Delila. 1929 berichteten noch GAIRDNER und HALDANE über die Koppelung eines Albinafaktors mit Aurea.

Im Jahre 1927 begann ich im Anschluß an Arbeiten über mendelnde und nichtmendelnde Buntblättrigkeit mit Koppelungsuntersuchungen an Blattform- und Blattfarbgenen. Da man diese Mutanten bereits in der Keimschale auszählen kann, war es möglich, ein sehr großes Material zu

[1] Ich benutze hier in allen Fällen die heute gültige Bezeichnung der Gene.

verarbeiten. Außerdem gelang es, durch Anwendung von Kunstlicht die Untersuchung einer Kombination in zwei Jahren, statt wie bisher in drei Jahren, durchzuführen. Dazu kam, daß durch die Versuche von BAUR und STUBBE über künstliche Mutationsauslösung Jahr für Jahr eine sehr große

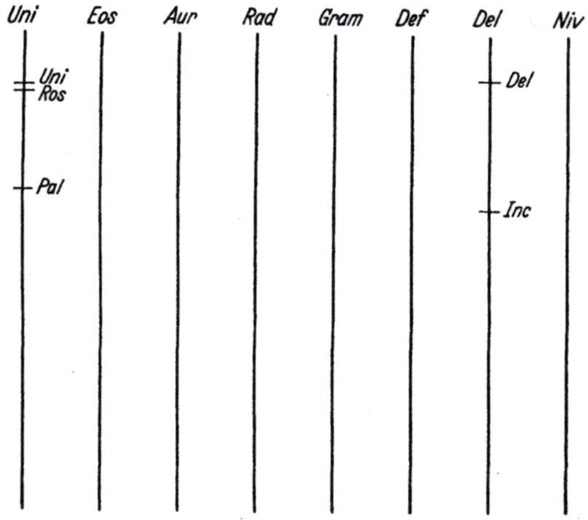

Fig. 1. Die Chromosomenkarte von *Antirrhinum majus* nach dem Stande des Jahres 1929.

Zahl von deutlich an den Keimblättern unterscheidbaren Blattmutanten neu gefunden wurden, so daß außerordentlich viele Kombinationen geprüft werden konnten. Alles dies gab den Koppelungsuntersuchungen bei *A. majus* einen neuen Impuls, und in den letzten vier Jahren sind mehrere Arbeiten zur Chromosomentopographie publiziert worden.

Bis zum Jahre 1928 war die Zahl der gefundenen Koppelungen außerordentlich gering im Verhältnis zu den gefundenen freien Spaltungen. Es hatte den Anschein, als ob Koppelungen bei *A. majus* wesentlich seltener seien als bei anderen Objekten. 1930 publizierte ich dann meine ersten Koppelungsuntersuchungen, nach denen Aurea—Marmorata und Graminifolia—Perlutea und anscheinend auch Aurea—Perlutea gekoppelt sind. Berücksichtigte man diese Ergebnisse und die von RANKE, so entsprach die Zahl der gefundenen Koppelungen etwa der, die man bei den acht Chromosomen von *A. majus* auf Grund der bis dahin untersuchten Kombinationen erwarten konnte.

Man durfte also annehmen, daß auch bei *A. majus* Koppelungen in normaler Häufigkeit auftreten; spätere Untersuchungen haben dieses bestätigt. Da nun für verschiedene andere Untersuchungen (Mutationsauslösung, Speziesbastarde, Selbststerilität) die genaue Kenntnis aller Koppelungsgruppen außerordentlich wichtig ist, sollte versucht werden, eine möglichst vollständige Chromosomentopographie bei *A. majus* aufzubauen. Für diese Untersuchungen fand ich eine Reihe von Mitarbeitern: 1933 beschrieb J. HACKBARTH zwei neue Koppelungsgruppen: Luteovirens—Phylloxantha—Albostriata—Decipiens und Albovirens—Chrysohpylla. Zu gleicher Zeit fand O. RÜSTÜ die Koppelung Muscoides—Phantastica. In demselben Jahr konnte ich selbst noch über die Lokalisation von fünf weiteren Genen im Aurea-Chromosom berichten.

Bei allen diesen Versuchen wurde nur mit Blattmutanten gearbeitet. Es war aber notwendig, auch die Blütenmutanten zu erfassen. 1929 begann daher H. KUCKUCK mit systematischen Untersuchungen zur Lokalisation von Blütenfarb- und -formgenen. Er konnte 1933 über die Lokalisation von drei solchen Genen im Unicolor-Chromosom berichten.

Um bei dieser aus technischen Gründen durchgeführten Arbeitsteilung die Verbindung zwischen den Koppelungsgruppen der Blütenmutanten und den Koppelungsgruppen der Blattmutanten nicht zu verlieren, mußten auch einmal Kombinationen zwischen Blatt- und Blütenmutanten geprüft werden. In nächster Zeit wird L. KUTSCHER über derartige Untersuchungen berichten.

Auf Grund aller dieser bisher genannten Publikationen und einer sehr großen Anzahl noch nicht publizierter Versuche haben KUCKUCK und ich das in Fig. 2 dargestellte Bild der acht Chromosomen von *A. majus* entworfen. Auf Einzelheiten der Versuche soll an dieser Stelle nicht eingegangen werden. Im Vergleich mit der Karte vom Jahre 1929 zeigt diese Karte einige Veränderungen in der Bezeichnung der Koppelungsgruppen. Die Koppelungsgruppen Delila und Graminifolia sind zusammengelegt worden. Nivea ist in die von

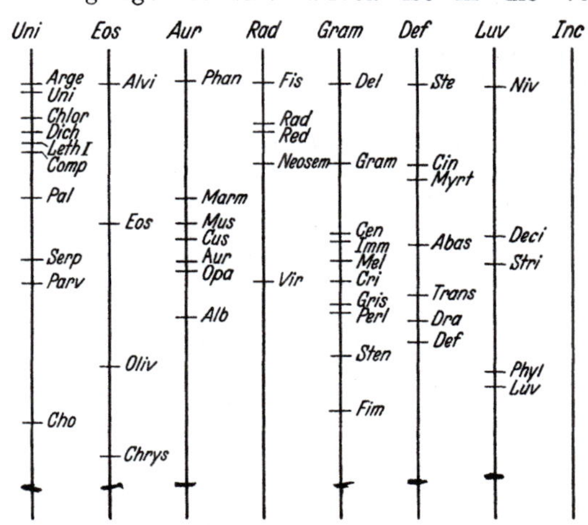

Fig. 2. Die Chromosomenkarte von *Antirrhinum majus* nach dem Stande des Jahres 1933.

HACKBARTH aufgestellte Luteovirens-Koppelungsgruppe verlegt worden. Incolorata ist aus der Delila-Gruppe ausgeschieden und als bisher einziger Repräsentant der achten Koppelungsgruppe aufgestellt worden. Das Gen Rosea erscheint nicht mehr in der Karte, da es wahrscheinlich ein Allel zu Uni ist. Der beobachtete sehr geringe Austausch wird anscheinend durch Mutationsvorgänge vorgetäuscht.

Die in den einzelnen Chromosomen angegebene Reihenfolge der Gene darf als ziemlich sicher gelten.

Die Abstände werden im Laufe der Zeit noch Korrekturen erfahren. Bei den außerordentlich großen Schwankungen der Koppelungswerte stellen sie nur Durchschnittswerte dar. Weiter ist auch jetzt noch denkbar, daß eine oder auch zwei der hier aufgestellten Koppelungsgruppen mit anderen Gruppen zusammengefaßt werden müssen. Aufschluß darüber können erst weitere Versuche geben In der hier aufgestellten Karte sind 48 Gene eingetragen. Darüber hinaus wissen wir von 20 Genen, zu welcher Koppelungsgruppe sie gehören. Da eine genaue Lokalisation dieser Gene auf Grund der bisherigen Untersuchungen noch nicht möglich war, sind sie nicht in diese Karte eingezeichnet worden. Alles in allem zeigt ein Vergleich der beiden Figuren aber deutlich, daß in den letzten vier Jahren ein recht erheblicher Fortschritt bei der Chromosomentopographie von *A. majus* erzielt worden ist.

Auf Grund der augenblicklichen Kenntnisse darf man annehmen, daß wir in den nächsten zwei bis drei Jahren für alle acht Koppelungsgruppen, soweit es nicht schon der Fall ist, eine große Anzahl von Genen auffinden werden und daß es gelingen wird, die Zusammengehörigkeit oder Nichtzusammengehörigkeit der einzelnen Gruppen endgültig zu klären. Damit ist eine Basis geschaffen für verschiedenartige andere Untersuchungen. Zunächst einmal sollen dann systematische Arbeiten über die Ursachen der sehr störenden starken Schwankungen der Koppelungswerte durchgeführt werden. Weiter sind Untersuchungen über die Häufigkeit mehrfachen Austausches und der dabei auftretenden Störungen möglich.

Neben dieser Vertiefung unserer Kenntnisse der Austauschvorgänge bei *A. majus* soll aber die Topographie für andere Untersuchungen ein wichtiges Hilfsmittel abgeben. Ich nenne hier nur die Untersuchungen an trisomen Formen und die Versuche über die Einlagerung einzelner Chromosomen in andere Arten. Es ist eine interessante Frage, ob bei derartigen Speziesbastarden die beobachtete Erhöhung der Mutationsrate sich auf dies eine Chromosomenpaar beschränkt oder ob die Heterozygotie in einem Chromosomen gleichmäßig mutationsauslösend in allen Chromosomen wirkt.

KÜHL konnte in noch nicht veröffentlichten Versuchen feststellen, daß bei Speziesbastarden eine wesentliche Verminderung des Austausches eintritt, eine Erscheinung, die auch EMERSON bei Bastarden von *Zea mays* und *Euchlaena mexicana* beobachtet hat. Ich habe nun Versuche eingeleitet, um systematisch zu prüfen, ob eine Beziehung zwischen der Veränderung des Austausches und der näheren oder weiteren Verwandtschaft der gekreuzten Arten besteht. Hier ergibt sich ein großes Arbeitsgebiet und vielleicht ein interessantes genetisches Maß für die Verwandtschaft der Arten in der Gattung *Antirrhinum*.

So ergibt sich, daß Speziesbastardierungen auf der Grundlage einer umfassenden Chromosomentopographie neue interessante Arbeitsgebiete erschließen. Nur bei *A. majus* sind diese Möglichkeiten heute gegeben. Bei allen anderen Tieren und Pflanzen, deren Chromosomentopographie genauer bekannt ist, lassen sich Speziebastardierungen nur sehr schwer oder gar nicht durchführen. Es ist daher zu hoffen, daß auch nach dem Tode BAURS das durch seine Arbeiten klassisch gewordene Versuchsobjekt weiterhin in einem seiner Bedeutung entsprechenden Ausmaß bearbeitet werden wird.

Literatur:

E. BAUR, Einführung in die experimentelle Vererbungslehre. Berlin: Gebr. Bornträger 1911 — Vererbungs- und Bastardierungsversuche mit Antirrhinum. II. Faktorenkoppelung. Z. Abstammgslehre **6** (1911/12) — HERZBERG-FRÄNKEL, HUSFELD, SAULESCU u. SCHIEMANN, Koppelungserscheinungen bei Antirrhinum majus. Z. Abstammgslehre **50** (1929) — Untersuchungen über das Wesen, die Entstehung und die Vererbung von Rassenunterschieden bei Antirrhinum majus. Bibl. Genetica **4** (1924). — A. E. GAIRDNER u. J. B. S. HALDANE, A case of balanced lethal factors in Antirrhinum majus. J. Genet. **21**, 3 (1929) — A case of balanced lethal factors in Antirrhinum majus II. J. Genet. **27**, 2 (1933). — J. HACKBARTH, Untersuchungen über Koppelungen bei Antirrhinum majus. II. Koppelungen von Blattfaktoren aus F_2-Untersuchungen. Z. Abstammgslehre **64** (1933). — HERZBERG-FRÄNKEL, Untersuchungen über Koppelung bei Antirrhinum majus. Diss. Landw. Hochschule Berlin 1925. — H. KUCKUCK, Untersuchungen über Koppelung bei Antirrhinum majus. III. Zur Lokalisation von drei weiteren Genen im Uni-Chromosom. Z. Abstammgslehre **65** (1933). — H. KUCKUCK u. R. SCHICK, Die Erbfaktoren bei Antirrhinum majus und ihre Bezeichnung. Z. Abstammgslehre **56** (1930). — L. KUTSCHER, Untersuchungen über Koppelungen bei Antirrhinum majus. VI. Koppelungen zwischen Blatt- und Blütengenen. Dissertation. — M. RANKE, Faktorenkoppelung und Faktorenanalyse bei Antirrhinum majus. Z. Abstammgslehre **53** (1930). — O. RÜSTÜ, F_2-Untersuchungen bei Antirrhinum majus. Diss. Landwirtsch. Hochschule Berlin 1932. — N. SAULESCU, Beitrag zur Chromosomenkarte von Antirrhinum majus. Diss. Landwirtsch. Hochschule Berlin 1925. — R. SCHICK, Untersuchungen über Koppelung bei Antirrhinum majus. Koppelungen von Blattfaktoren. I. Z. Abstammgslehre **56** (1930) — Untersuchungen über Koppelung bei Antirrhinum majus IV. Die Lokalisation von fünf weiteren Genen im Aurea-Chromosom. Z. Abstammgslehre **65** (1933) — u. H. STUBBE, Die Gene von Antirrhinum majus II. Z. Abstammgslehre **62** (1932) — Die Gene von Antirrhinum majus III. Z. Abstammgslehre **66** (1933).

Baurs Versuche über Artkreuzungen in der Gattung Antirrhinum.

Von H. KUCKUCK, Müncheberg.

Neben der genetischen Analyse des kultivierten Gartenlöwenmäulchens, *Antirrhinum majus*, hat sich BAUR auch schon frühzeitig mit der Genetik der wilden *Antirrhinum*arten beschäftigt. In der Bibliotheka Genetica 4 (1924) berichtet BAUR erstmalig über Kreuzungsversuche verschiedener

Sippen einer Wildart untereinander, ferner über Kreuzungen von verschiedenen Wildarten untereinander und über Kreuzungen von Wildarten mit Sippen von A. majus. Das gleichartige Verhalten reziproker F_1-Bastarde und ihrer F_2 in diesen Kreuzungen ließ es wahrscheinlich erscheinen, daß die Artunterschiede in dieser Gattung nur genomatisch bedingt sind. Überraschend war allerdings die Tatsache, daß den geringen phänotypischen Unterschieden zweier Wildsippen eine relativ große Zahl mendelnder Gene zugrunde liegt, während große phänotypische Verschiedenheiten von majus-Sippen in der Regel nur auf einige rezessive Gene zurückzuführen sind. Aus Kreuzungen von in mehreren Genen rezessiven majus-Formen mit Wildarten ging hervor, daß die Wildarten die diesen entsprechenden dominanten Allele besitzen. Alle untersuchten Mutanten spalteten in wild-x majus-Kreuzungen in derselben regelmäßigen Weise, wie innerhalb der majus-Sippen. Eine Ausnahme hiervon macht lediglich das Gen für radiäre Blüten. Wie spätere Untersuchungen aber ergaben, sind die abnormen Spaltungen dieses Gens auf Koppelung mit einem Selbststerilitätsfaktor zurückzuführen.

Einen neuen Impuls erhielt die genetische Analyse der Wildarten durch BAURS Sammelreisen nach Südfrankreich, Spanien und Portugal, die er im Sommer 1928 und im Herbst 1929 dorthin unternommen hatte. Von diesen Reisen brachte BAUR ein großes Herbar- und Samenmaterial von den verschiedensten Standorten vieler Arten mit.

Dieses Material bildete die Grundlage für BAURS in großzügiger Weise entworfenen Plan von Untersuchungen über Artumgrenzung und Artbildung in der Gattung *Antirrhinum*, Sektion *Antirrhinastrum*. Die mit diesem Material ausgeführten Untersuchungen und Kreuzungsanalysen haben BAUR vornehmlich in den letzten 5 Jahren beschäftigt. Zu einer endgültigen Lösung des Problems ist aber BAUR nicht gelangt. Vielmehr hat es sich, wie er selbst so häufig betonte, zunächst nur um Tastversuche, um Vorstöße in unerforschte Gebiete gehandelt, die aber immer wieder neue Probleme aufrollten. Eine programmatische Zusammenfassung dieser Arbeiten und einige Mitteilungen über wichtige Einzelergebnisse seiner bisherigen Untersuchungen hat BAUR in seiner letzten Publikation[1] über Artumgrenzung und Artbildung in der Gattung Antirrhinum, Sektion *Antirrhinastrum*, niedergelegt.

BAUR berichtet hier, daß in Spanien die Arten stets in Kolonien, die mehr oder weniger stark räumlich voneinander isoliert sind, vorkommen und nicht, wie in anderen Gattungen, nebeneinander. Jeder Standort ist durch einen bestimmten Lokaltyp mit einer wechselnden Variationsbreite vertreten. Je stärker die natürliche räumliche Isolierung ist, um so geringer erweist sich die Variationsbreite eines Standorttyps und um so homozygoter erweisen sich diese Formen.

[1] Z. Abstammgslehre 63 (1932).

Häufig wurde aber die recht interessante Feststellung gemacht, daß Formen aus ganz einheitlich erscheinenden Kolonien unter Kulturbedingungen spalteten, sich als heterozygot erwiesen, ein Zeichen für die starke natürliche Selektion, die zu einheitlichen, besonders gut angepaßten Typen führt.

Neben auffallend einheitlichen Kolonien, die von den Botanikern wegen ihrer zufälligen starken räumlichen Isolierung als „gute" Arten beschrieben wurden, fand BAUR auch räumlich weit ausgedehnte, in sich nicht einheitliche Kolonien, wie z. B. an der Sierra Nevada in der Gegend nördlich von Orgiva. Hier waren Populationen von Formen vertreten, die teils als *A. glutinosum* und teils als *A. molle* beschrieben und über Höhenunterschiede von 800—2800 m verbreitet sind. In Höhen über 2000 m werden nur einheitliche Typen mit anliegendem Habitus und hoher Frosthärte gefunden. Unter 2000 m treten neben den Hochgebirgsformen auch schon hochwüchsige auf, dagegen sind die Typen zwischen 500—1000 m wieder einheitlich hochwüchsig. Die einheitlichen Hochgebirgsformen erwiesen sich aber in den Versuchen als stark heterozygotisch in Wuchsfaktoren. BAUR erklärt dies als Folge von Fremdbefruchtung durch Schmetterlinge, die nach seinen Beobachtungen durch Winde aus den Tälern in die Höhen hinaufgetragen werden. Durch die strenge natürliche Selektion in den hohen Gebirgslagen wird aber ein einheitlicher Phänotyp in diesen Gebieten geschaffen.

Eine dritte Art von Kolonien ist durch besondere Unausgeglichenheit und starke Heterozygotie ausgezeichnet. Derartige Kolonien liegen nach BAURS Feststellungen an den Berührungslinien zweier morphologisch stark verschiedener Typen.

So fand BAUR in Alhama, das an der Grenze der Verbreitungsgebiete von *A. majus* und *A. glutinosum* liegt, Formen, die aus Kreuzungen beider Arten hervorzugehen scheinen. Analysen der künstlich hergestellten Kreuzungen dieser Arten bestätigten diese Annahme. In der gleichen Weise stellte er aus der Kreuzung von *A. siculum* × *A. majus* Typen von *A. tortuosum* her.

Durch BAURS Arbeiten wurden die Verbreitungsgebiete vieler Wildarten weitgehend festgelegt, für einige auch die Möglichkeit ihrer Entstehung aus Kreuzung wahrscheinlich gemacht. Es ist beabsichtigt, diese Arbeiten BAURS über Artumgrenzung und Artbildung in der Gattung *Antirrhinum*, deren Richtlinien von BAUR selbst klar vorgezeichnet wurden, fortzuführen.

Innerhalb dieses Arbeitsgebietes waren im Laufe der Jahre eine Reihe weiterer Probleme aufgetaucht, die auch bereits von BAUR in seiner letzten Publikation gekennzeichnet wurden. So machte BAUR die Beobachtung, daß in Kreuzungen entfernter Arten häufig eine erhöhte Genmutabilität, wohl als Folge einer starken Heterozygotie, auftritt. Auch diese Fragen, die besonders für die Ausnutzung von Specieskreuzungen für die

Pflanzenzüchtung von größter Wichtigkeit sind, sollen im Zusammenhang mit den Fragen der experimentellen Mutationsauslösung im erweiterten Umfange bearbeitet werden.

Auch die Ursachen und die Bedeutung für die Veränderung der Austauschwerte bei Specieskreuzungen bedürfen einer weiteren intensiven Bearbeitung. Bereits im vergangenen Jahr sind Versuche eingeleitet worden, um diesen Fragen bei gekoppelten Blattform- und Farbgenen, die für derartige Untersuchungen sich als besonders brauchbar erwiesen haben, nachzugehen, nachdem bereits 1931 O. KÜHL in noch nicht publizierten Versuchen den Nachweis einer beträchtlichen Veränderung der Koppelungswerte bei Specieskreuzungen erbracht hatte.

Die Grundlage für diese Arbeiten bildet aber eine Chromosomenkarte von *A. majus* und eine genaue Kenntnis der Austauschwerte gekoppelter Gene. Es sind daher in den letzten Jahren Untersuchungen über Koppelungen im großen Maßstabe ausgeführt worden, die schon weitgehend die Aufstellung einer Chromosomenkarte ermöglicht haben. Die Chromosomenkarte bildet ferner die Grundlage für eine weitere Arbeit, die von BAUR bereits begonnen wurde, und zwar für die Einlagerung ganzer Chromosomen bzw. Chromosomenstücke von einer Wildart in die majus-Art. Hierzu ist es notwendig, eine majus-Pflanze mit etwa 3—6 gekoppelten Genen herzustellen, die über *ein* Chromosom verteilt sind. Aus der Kreuzung einer derartig rezessiven majus mit einer Wildart müssen dann majus-Pflanzen gezüchtet werden, die die 3—6 gekoppelten dominanten, also vom Wildelter abstammenden Allele enthalten. Auf diese Weise ist es möglich, majus-Pflanzen herzustellen, die ein Chromosom bzw. Chromosomenstück von einer Wildart enthalten, und aus deren Verhalten wird man wahrscheinlich Rückschlüsse auf die Funktion bestimmter Chromosomenstücke ziehen können. Auch diese Versuche werden fortgesetzt werden.

Ferner enthalten die von BAUR analysierten Specieskreuzungen ein großes Material für Fragen der Selbststerilität und Selbstfertilität. In den Kulturen selbststeriler Arten traten bei BAUR zuweilen selbstfertile Mutanten auf. In der Natur aber hat BAUR derartige Formen nie gefunden. Warum derartige Mutanten durch die natürliche Selektion wieder ausgemerzt werden, ist nicht recht einzusehen. Eine Klärung dieser Fragen scheint mir aber von Interesse und Wichtigkeit zu sein.

Die Mehrzahl der von BAUR untersuchten Wildarten sind untereinander und mit *majus* kreuzbar und ergeben fertile Bastarde. Nur *A. siculum* ist mit einigen Wildarten nicht kreuzbar, und mit *majus* nur sehr schwer. Die *majus* × *siculum*-Bastarde sind nur zuweilen fertil, häufig zeigen sie mehr oder weniger starke Fertilitätsstörungen. Alle diese Fragen mit dem BAURschen Material sollen im Zusammenhang mit den Fragen der Selbststerilität weitergeführt werden.

Zum Schluß sei noch auf die große Serie multipler Allele, der Ros-Serie, hingewiesen, die BAUR bei Vererbung der Blütenfarben der Wildarten gefunden hat. Es wurden etwa 25 Allele festgestellt, durch die sich die einzelnen Wildsippen und -arten voneinander unterscheiden, wohl die größte bisher bekannte Serie multipler Allele. Auch bei *A. majus* sind einige Glieder dieser Serie aufgetreten. Auch diese Versuche sollen fortgeführt werden.

Aus dieser kurzen Skizzierung der Versuche über Specieskreuzungen geht wohl mit Deutlichkeit hervor, welche Fülle von Problemen von BAUR hier erkannt wurde und wie deren Lösung in großzügiger Weise von ihm in Angriff genommen wurde.

Nachdem BAUR für eine Species als erster einwandfrei nachgewiesen hatte, daß die große Zahl erblich verschiedener Sippen des kultivierten Gartenlöwenmäulchens, *Antirrhinum majus*, nur durch das Zusammenspiel einer relativ geringen Zahl von mendelnden Genen zustande kommt, wollte er auch das Problem der Artbildung und Artumgrenzung in der Gattung *Antirrhinum*, Sektion *Antirrhinastrum*, *experimentell* lösen. Die große Formenmannigfaltigkeit der verschiedenen Antirrhinumarten, ihre leichte Kreuzbarkeit und die Fertilität der Bastarde läßt die Gattung *Antirrhinum* zur Lösung derartiger Probleme als besonders geeignet erscheinen. Leider war es ihm nicht vergönnt, diese großen Arbeiten selbst zu Ende zu führen. Es ist zu hoffen, daß es seinen Schülern und Mitarbeitern möglich sein wird, diese so wichtigen und interessanten Arbeiten in Müncheberg erfolgreich zu Ende zu führen.

Selbststerilität und Selbstfertilität bei Antirrhinum.

Von F. GRUBER, Müncheberg.

Im Rahmen der experimentellen genetischen Arbeiten bei *Antirrhinum* bildet die Untersuchung der Selbststerilität bzw. -fertilität ein eigenes Kapitel. Beobachtungen hierüber sind von BAUR seit den Anfängen seiner Forschungsarbeit bei *Antirrhinum* laufend mitgeteilt worden. Seit einigen Jahren wird das Gebiet vom Verf. gesondert bearbeitet. Die Verhältnisse, soweit sie bis jetzt bekannt sind, sollen im folgenden kurz dargestellt werden.

Die Sektion *Antirrhinastrum* kann in 4 Gruppen geteilt werden:

Die I. Gruppe, die sich überwiegend aus den Gartenrassen und aus einigen in Italien heimischen Wildsippen aus dem Formenkreis des *Antirrhinum majus* zusammensetzt, ist durch Selbstfertilität gekennzeichnet. Doch wird von BAUR (1924) hierzu bemerkt, daß auch bei den selbstfertilen Gartenrassen die Fremdbestäubung der Selbstbestäubung stets überlegen ist.

In der II. Gruppe, die die verschiedenen Lokalrassen des *A. latifolium* und die wilden Formen des *A. majus*, soweit sie in Spanien heimisch sind, umschließt, ist die Selbststerilität vorherrschend. Doch ist hier eine Neigung zum teils modifikativen, teils mutativen Umschlagen in die Selbstfertilität bemerkbar.

Die III. Gruppe wird von den streng selbststerilen Formenkreisen auf der Pyrenäischen Halbinsel, wie *A. Barrelieri*, *A. glutinosum*, *A. molle*, *A. meonanthum* und *A. hispanicum* mit zahlreichen Lokalrassen und teilweisen Übergängen zwischen den einzelnen Arten (BAUR 1932), gebildet.

Als Sondergruppe endlich ist der Formenkreis des völlig selbstfertilen, teilweise sogar autogamen *A. siculum* zu betrachten, das von BAUR (1919) ursprünglich der Gruppe I zugeteilt worden war. Nach den neueren, noch nicht veröffentlichten Untersuchungen verhält sich aber *A. siculum*, das auch in anderen Eigenschaften eine isolierte Stellung innerhalb der Sektion einnimmt, hinsichtlich der Vererbung der Selbststerilität in Artkreuzungen völlig abweichend von den anderen Arten.

Was nun die erbliche und physiologische Bedingtheit der Selbststerilität betrifft, so schlossen schon andere Autoren (EAST 1926, FILZER 1926) aus Versuchsergebnissen BAURS bei *A. hispanicum* (1919), daß bei *Antirrhinum* ähnliche Verhältnisse vorlägen wie bei den von ihnen bearbeiteten Objekten *Nicotiana* und *Veronica*. Diese Vermutungen bestätigten sich auch durch die späteren Untersuchungen des Verf., die er an dem reichen BAURschen Material durchführen konnte (GRUBER 1930 und 1932, GRUBER und KÜHL 1932). Wenn die Arbeiten hierüber auch noch keineswegs abgeschlossen sind, so läßt sich heute doch schon manches mit Sicherheit feststellen.

Die Selbststerilität bei *Antirrhinum* wird bedingt durch eine sehr große Reihe multipler Allele (S_1 S_2 S_3 . . . usw.). Beim Zusammentreffen gleicher Allele in Pollen und Griffel wird eine Hemmung auf das Pollenschlauchwachstum ausgeübt, so daß eine Befruchtung von seiten des betreffenden männlichen Gametophyten nicht erfolgen kann. Die Pflanzen sind also stets heterozygot für die Selbststerilitätsallele (z. B. $S_1 S_2$, $S_1 S_3$, $S_2 S_4$ usw.). Bei Kreuzungen zweier Pflanzen, die ein S-Allel gemeinsam haben (z. B. $S_1 S_3 \times S_1 S_4$), werden nur *die* Pollenkörner zur Befruchtung gelangen, die dieses S-Allel nicht führen.

Bei den selbstfertilen Gartenrassen des *A. majus* ist zwar eine Benachteiligung des eigenen Pollens gegenüber fremdem noch deutlich wahrzunehmen, doch reicht die Hemmung nicht aus, um eine Befruchtung zu verhindern.

Kreuzungen zwischen selbstfertilem *A. majus* und selbststerilen Formen geben eine selbstfertile F_1. Rückkreuzungen der F_1 mit dem selbststerilen Elter spalten zu gleichen Teilen in selbststerile und selbstfertile Individuen auf.

Wird eine F_2 aus Selbstung einer F_1-Pflanze gezogen, so müssen theoretisch alle Pflanzen selbstfertil sein, da ja selbststerile Individuen infolge Hemmung aller Pollenkörner mit dem Selbststerilitätsallel nicht gebildet werden und deshalb nur homozygot und heterozygot selbstfertile Pflanzen zu gleichen Teilen entstehen können.

Werden dagegen F_1-Pflanzen untereinander gekreuzt, so müssen alle diejenigen, die das gleiche Selbststerilitätsallel besitzen, ebenso wie bei Selbstbestäubung eine selbstfertile F_2 geben, während F_1-Pflanzen mit verschiedenen S-Allelen bei gegenseitiger Bestäubung eine F_2 erwarten lassen, die im Verhältnis 3 selbstfertil : 1 selbststeril spaltet.

Die einwandfreie Feststellung der Fertilitätsverhältnisse stößt auf Schwierigkeiten, da sich bereits in der F_2 starke Gametensterilität, besonders in den männlichen Keimzellen, bemerkbar macht und sich dadurch nur schwer ein klares Bild über die Ansatzverhältnisse gewinnen läßt. Der Beweis für die Richtigkeit der eben entwickelten Hypothese konnte aber durch einen glücklichen Umstand auf indirektem Wege erbracht werden.

Das Blütengen Rad, das in doppelt rezessivem Zustande radiäre Blütenform bedingt, zeigte nämlich schon in früheren Untersuchungen (BAUR 1911, LOTSY 1912) bei Kreuzungen von radiärblütigen Gartenrassen (rad rad) mit selbststerilen Wildformen (Rad Rad) ein abweichendes Verhalten: Die F_2 spaltete nicht im erwarteten Verhältnis 3 zygomorph: 1 radiär, sondern in nahezu gleich viele zygomorphe und radiäre Individuen auf. Eine Erklärung für diese Erscheinung wurde anfänglich offengelassen. Als über das Wesen der Selbststerilität bei *Antirrhinum* durch die Untersuchungen BAURS an *A. hispanicum* (1919) mehr Klarheit gewonnen war, stellte BRIEGER (1930) die Vermutung auf, daß die abweichende Spaltung bezüglich der radiären Blütenform durch Koppelung von Rad mit den Selbststerilitätsallelen bedingt sei. Setzt man nämlich für das radiäre *A. majus* die genetische Formel

$$\frac{S_F\text{rad}}{S_F\text{rad}},$$

für die selbststerile Wildpflanze die Formel

$$\frac{S_1\text{Rad}}{S_2\text{Rad}},$$

so muß die F_1 je zur Hälfte aus Pflanzen der Konstitution

$$\frac{S_F\text{rad}}{S_1\text{Rad}} \text{ bzw. } \frac{S_F\text{rad}}{S_2\text{Rad}}$$

bestehen. Bei Selbstbestäubung einer F_1-Pflanze können aber nur die Pollenkörner mit dem Allel S_F und dem damit gekoppelten Gen rad zur Befruchtung gelangen, da die anderen infolge des Zusammentreffens gleicher S-Allele in Pollen und Griffel gehemmt werden. Die F_2 muß demnach zu gleichen Teilen aus Pflanzen der Konstitution

$$\frac{S_F\text{rad}}{S_F\text{rad}} \text{ und } \frac{S_1\text{Rad}}{S_F\text{rad}} \left(\text{bzw. } \frac{S_2\text{Rad}}{S_F\text{rad}}\right)$$

bestehen, d. h. aus gleich viel zygomorphen und radiären Pflanzen. Dasselbe muß eintreten bei

Kreuzung zweier F_1-Geschwisterpflanzen, die das gleiche Selbststerilitätsallel besitzen. Dagegen müssen F_1-Geschwister mit verschiedenen Selbststerilitätsallelen eine F_2 mit normaler Spaltung in 3 zygomorph : 1 radiär ergeben.

Diese Annahme fand durch die Untersuchungen von GRUBER und KÜHL (1932), auf die hier nicht näher eingegangen werden kann, ihre Bestätigung. Es sei nur erwähnt, daß in diese Untersuchungen ein großer Teil der selbststerilen Wildsippen einbezogen worden war.

Bemerkenswert ist an den bisher vorliegenden Ergebnissen der Umstand, daß die für die Bestimmung der Selbststerilität bzw. Selbstfertilität verantwortliche Allelenreihe bei nahezu allen Formen der Sektion *Antirrhinastrum* an derselben Stelle des gleichen Chromosoms lokalisiert ist. Ausnahmen von den oben entwickelten Spaltungsregeln wurden bisher nur gefunden bei *A. siculum* und einer von BAUR mit der Standortsbezeichnung „Bussaco" versehenen selbstfertilen Wildsippe. Über diese Ausnahmefälle wird später an anderer Stelle ausführlicher zu berichten sein.

Für das Wesen und die gegenseitigen Beziehungen von Selbststerilität und Selbstfertilität sind noch folgende Tatsachen von Wichtigkeit: BAUR (1932) beobachtete auch bei sonst streng selbststerilen Wildsippen aus der *glutinosum*-, der *Barrelieri*- und der *majus*-Gruppe, wenn auch verhältnismäßig selten, immer wieder rein selbstfertile Typen, die spontan auftraten. Zwei solcher Fälle, einer bei der Wildsippe „*Orgiva*" des *A. glutinosum* und einer bei der Sippe „*Cintra*" des *A. linkianum* (*majus*-Gruppe) wurden vom Verf., zum Teil gemeinsam mit Herrn O. KÜHL, untersucht und ergaben die Feststellung, daß beide Pflanzen für die Selbstfertilität heterozygot waren. Damit wird die oft ausgesprochene Vermutung BAURS (1932), daß es sich in solchen Fällen um Mutanten handelt, stark gestützt. Warum sich diese selbstfertilen Mutanten in der freien Natur nicht durchsetzen, scheint auch Verf. noch keineswegs klar, obwohl in den Folgegenerationen aus Selbstung der selbstfertilen *glutinosum*-Pflanze starke Degenerationserscheinungen, daneben aber auch völlig normale Pflanzen mit gut keimfähigen Samen nach Selbstbestäubung beobachtet werden konnten. Dafür scheint die Annahme BAURS (1919, 1924) berechtigt, daß die selbstfertilen Gartenrassen von *Antirrhinum* durch einen Selektionsprozeß entstanden seien, da bei den in den Handelsgärtnereien üblichen Methoden der Samengewinnung im wesentlichen nur die selbstfertilen Individuen zur Vermehrung gelangen.

BAUR (1919, 1924, 1932) berichtet ferner von *A. latifolium*, daß dasselbe vom 2. Jahre der Kultivierung an, besonders gegen den Herbst hin, immer stärker selbstfertil wird. Die Erscheinung soll noch näher nachgeprüft werden. Auch bei anderen, normalerweise selbststerilen Wildsippen, vor allem aus der *majus*-Gruppe, sind zuweilen vereinzelte Ansätze nach Selbstung zu bemerken. Die aus solchen Samenkapseln gewonnenen Individuen pflegen aber nach den Beobachtungen BAURS (1924) und des Verf. (noch nicht veröffentlicht) vorwiegend selbststeril zu sein. Die Untersuchungen hierüber sind noch nicht abgeschlossen. Pseudo-Selbstfertilität durch Knospenbestäubung oder Bestäubung am Ende der Blühperiode, wie sie z. B. von der EASTschen Schule bei *Nicotiana* zur Analyse der S-Allele versuchstechnisch weitgehend ausgenutzt wird (EAST and YARNELL, 1929), konnte bei *Antirrhinum* bisher nicht gefunden werden.

Was die genmäßige Bedingtheit der Selbstfertilität betrifft, so müßte nach den gewonnenen Versuchsergebnissen angenommen werden, daß das „Gen" für Selbst*fertilität* sich allelomorph zu den Selbststerilitätsallelen verhält. Aus der Tatsache, daß zwar einerseits erbliche Umwandlungen von Selbststerilität in Selbstfertilität vorkommen, andererseits aber, wie es bei *A. majus* beobachtet wird, auch bei den selbstfertilen Formen (abgesehen von *A. siculum*) die Fremdbestäubung der Selbstbestäubung überlegen bleibt, möchte Verf. folgendes schließen: Die Selbststerilitätsallele (S_1 S_2 S_3 usw.) bleiben auch bei Mutation in Selbstfertilität bestehen. Es wirken ihnen aber mutativ entstandene, eng mit ihnen gekoppelte Gene entgegen, die die Hemmungswirkung gegenüber eigenem (bzw. gleich konstituiertem fremden) Pollen so stark beeinflussen, daß eine Befruchtung erfolgen kann.

Die Nachprüfung dieser Hypothese wird neben der zahlenmäßigen Analyse der S-Allele den Hauptanteil an den Untersuchungen der nächsten Jahre bilden.

Literatur:

E. BAUR, Einführung in die Vererbungslehre. Berlin: Gebr. Borntraeger 1911 — Über Selbststerilität und über Kreuzungsversuche einer selbststerilen Art in der Gattung Antirrhinum. Z. Abstammgslehre **21**, 48—52 (1919) — Untersuchungen über das Wesen, die Entstehung und die Vererbung von Rassenunterschieden bei Antirrhinum majus. Bibl. Genetica **4** (1924) — Artumgrenzung und Artbildung in der Gattung Antirrhinum, Sektion Antirrhinastrum. Z. Abstammgslehre **63**, 256—302 (1932). — F. BRIEGER, Selbststerilität und Kreuzungssterilität im Pflanzenreich und Tierreich. Berlin: Julius Springer 1930. — E. M. EAST, The physiology of selfsterility in plants. J. Genet. **8**, 403 bis 416 (1926). — E. M. EAST and S. H. YARNELL, Studies on self-sterility VIII. Selfsterility allelomophs. Genetics **14**, 455—487 (1929). — P. FILZER, Die Selbststerilität von Veronica syriaca. Z. Abstammgslehre **41**, 137—197 (1926). — F. GRUBER, Über Selbststerilität und Selbstfertilität bei Antirrhinum. Diss. Landw. Hochschule Berlin 1930 — Über die Verträglichkeitsverhältnisse bei einigen selbststerilen Wildsippen von Antirrhinum und über eine selbstfertile Mutante. Z. Abstammgslehre **62**, 429—462 (1932). — F. GRUBER u. O. KÜHL, Untersuchungen über Selbststerilität bei Antirrhinum und über Koppelung der Sterilitätsallele mit dem Faktor für radiäre Blütenform. Z. Abstammgslehre **62**, 463—503 (1932). — J. P. LOTSY, Versuche über Artbastarde und Betrachtungen über die Möglichkeit einer Evolution trotz Artbeständigkeit. Z. Abstammgsehre **8**, 325—333 (1912).

Genetische Untersuchungen an Pelargonium und Cleome.

Von MAX UFER, Müncheberg.

Über diese Arbeiten wird demnächst ausführlich in einer Reihe von Veröffentlichungen berichtet werden können. Hier sei nur etwas näher auf die Arbeiten mit *Pelargonium* eingegangen, da diese auf direkte Anregung BAURS begonnen wurden. Die Entstehung von *Pelargonium zonale* „Freak of nature" mit weißem Blattkern und grünem Rand ist umstritten. NOACK sieht den Grund für die Scheckung von „F. o. n." in einer Art Erkrankung des Plasmas. Die meristematischen Zellen des Vegetationspunktes enthalten noch die Anlagen sowohl für grünes als auch weißes Gewebe, und erst im Laufe der ontogenetischen Entwicklung wird die Entscheidung über das Aussehen der Zellen in den ausgewachsenen Organen gefällt (K. L. NOACK, Z. Bot. **1930**, 23, 309—327). Nach BAUR stellt „F. o. n.", entsprechend albotunicaten Pelargonien, eine Chimäre aus grünem und weißem Gewebe dar. Die Annahme selbständiger Plastiden, Plastidenübertritt aus dem Pollenschlauch und vegetative Entmischung machen das Auftreten der Chimäre verständlich. Die Ergebnisse zahlreicher, von mir vorgenommener Kreuzungen zwischen „F. o. n." × grün und weißen Achsen von „F. o. n" × grün in Gemeinschaft mit Kreuzungsergebnissen anderer Autoren, sprechen meines Erachtens deutlich für Plasmaübertritt. Es ist mir nicht gelungen, mit Hilfe des Fluoreszenzmikroskops oder auf chemischem Wege direkt Plastiden im Pollenschlauch nachzuweisen, doch scheint es mir wenig erheblich, ob die Plastiden selbständig oder unter dem Einfluß des Plasmas das Aussehen der Nachkommen bestimmen. Am Chimärencharakter derartig bunt gewordener Formen wird damit nichts geändert. Es könnte mit NOACK sehr wohl möglich sein, daß der Zustand des Plasmas die Erscheinung der Plastiden bestimmt. Dafür würde z. B. die Tatsache sprechen, daß weißes Gewebe bei Lichtmangel deutlich ergrünen kann. Aber auch das ist kein Beweis gegen die Annahme selbständiger Plastiden. Lehnt man allerdings selbständige Plastiden ab, dann ist auch die Frage der vegetativen Entmischung der Plastidensorten hinfällig. Die typische Scheckung wäre dann ein Produkt des Zusammenspiels verschieden gearteter Protoplasten. Durch diese Auffassung wäre gewissermaßen eine Synthese zwischen den BAURschen und den NOACKschen Anschauungen hergestellt. Da meine Versuche jedoch noch nicht beendet sind, muß ich mich hier eines abschließenden Urteils enthalten.

Außer obigen Versuchen laufen mit Pelargonium noch Kreuzungsversuche zwischen verschiedenen Arten, die zur Klärung der Phylogenie der Gattung beitragen und den Anteil der Artkreuzung an der Entstehung von Schecken ermitteln sollen.

Die Arbeiten mit *Cleome spinosa* sind eine Fortsetzung bereits früher bei WINKLER angefangener Arbeiten. Dank dem Entgegenkommen BAURS konnten sie vor 2 Jahren wieder aufgenommen werden. Auf sie will ich hier nur ganz kurz eingehen.

Cleome spinosa ist eine einjährige Zierpflanze aus der Familie der Capparidaceen. Durch Pfropfung, bei der *C. spinosa* als Unterlage und *C. gigantea* als Reis gedient hatte, erhielt WINKLER nach Dekapitierung der Verwachsungsstelle Adventivsprosse mit doppelter Chromosomenzahl. Diese Gigasform weicht nur in quantitativer Hinsicht von der Normalform ab, die Blätter werden breiter und dicker, die Zellen größer usw. Kreuzungen zwischen der Diploid- und der Gigasform zeigen nach den statistischen Untersuchungen und nach den Spaltungsverhältnissen in der F_2 teilweise reziproke Verschiedenheit. Sie läßt sich mit Herabregulieren der Chromosomenzahl bei der Gigasform und durch Messungen gesicherter Pollenschlauchkonkurrenz erklären. In einem Teil der Kreuzungen diploid × gigas liegen komplizierte Spaltungen vor, die sich nicht in die bekannten Schemen gruppieren lassen. Im Rahmen dieser Veröffentlichung kann darüber jedoch nichts Näheres gesagt werden.

---

b) Praktische pflanzenzüchterische Arbeiten.

Roggenzüchtung.

Von H. P. OSSENT, Müncheberg.

Wenn an dieser Stelle über die Roggenzüchtung und über deren bisherige Ergebnisse am Kaiser Wilhelm-Institut für Züchtungsforschung berichtet wird, so soll dieser Bericht einen allgemeinen Überblick dieser Arbeiten in den letzten Jahren darstellen, ohne auf nähere Einzelheiten einzugehen.

Als ein besonders wichtiges Problem mußte die Züchtung selbstfertiler Roggen angesehen werden, und es wurden deshalb bereits seit 1928 sehr ausgedehnte Versuche in dieser Richtung unternommen. Bei diesen Arbeiten war es geboten, zuerst und vor allen Dingen den Faktor Selbstfertilität, also die Ansatzfähigkeit ohne Fremdbefruchtung, in den Vordergrund zu stellen, um dann nach Erreichung dieses Zieles auch die vielen sonstigen, sehr wesentlichen Probleme züchterisch zu bearbeiten. So wurden diese Arbeiten von Beginn an auf breitester Basis aufgezogen, um durch dauernde, zwangsweise Selbstbestäubung an einem möglichst großen Material und entsprechende Selektion die größte Wahrscheinlichkeit dafür zu haben, eine ganze Reihe von Stämmen zu erfassen, die weitgehendste Inzuchtimmunität bezügl. ihres Ansatzes aufwiesen. Als erste Etappe dieser Züchtung wurde demnach ein 100prozentiger Kornansatz bei Zwangsisolierung angestrebt. Dieses Ziel war aber nur dadurch denkbar, daß in jedem Jahre nur die Nachkommenschaften *der* Stämme weitere Verwendung fanden, die höchste Körnerzahlen erbracht hatten.

Als Ausgangsmaterial wurde Original Petkuser Winterroggen verwendet und im Sommer 1929 erstmalig ährenweise mit Pergamintüten isoliert. Die weitaus größte Anzahl der 23000 Ähren besaß gar keine oder nur sehr wenige Körner, und es konnten in diesem ersten Jahre nur 1,26% aller geernteten Ähren mit über 20 Körnern pro Ähre festgestellt werden. Um aber eine genügende Anzahl von Nachkommenschaften zu erhalten, wurden im Herbst 1929 noch alle die Körner ausgesät, die aus Ähren mit nur über 15 Körnern Ansatz stammten. In deren Nachkommenschaften zeigte sich infolge der erfolgten Selbstbestäubung eine geradezu unglaubliche Aufspaltung der verschiedenartigsten Roggentypen, woraus deutlich der völlig heterogene Charakter des Petkuser Roggens zu erkennen war.

Diese Tabelle zeigt die weiteren Fortschritte in der Selbstfertilität der nachgezogenen Stämme. Bereits 1930 steigerte sich der Kornansatz derartig, daß schon *3,45*% aller Ähren über 20 Körner aufwiesen, also fast das Dreifache des Vorjahres.

In der nun folgenden Blühperiode wurden gleichzeitig weitere neue Auslesen eingeschaltet, insofern, als alle in ihrer Winterfestigkeit, Bestokkung und in ihrem Wachstum nicht befriedigenden Stämme von der Isolierung der Ähren ausgeschlossen wurden. Ebenso erfolgte eine Beseitigung der stark durch Inzucht geschädigten Pflanzen.

Der Erfolg dieser Maßnahmen scheint fast unglaublich, denn es steigerte sich der Kornansatz so sehr, daß 1931 *63,67*% aller geernteten Ähren über 20 Körner pro Ähre besaßen, von denen im Herbst nur noch *die* Körner ausgelegt wurden, die aus Ähren mit mehr als 40 Körnern stammten. Auf diese Weise erhöhte sich der Prozentsatz auch im folgenden Jahre wieder um weitere 10% auf *73,92*%.

Unter diesen befand sich eine so große Zahl von Ähren mit 100prozentigem Ansatz, daß deshalb im Herbst 1932 nur noch Körner der Ähren ausgelegt zu werden brauchten, die über 50 Körner enthalten hatten. Leider erfolgte dann im vergangenen Jahre infolge der finanziellen Lage des Instituts eine Unterbrechung der Arbeiten, weil im Herbst 1933 eine Auswertung des geernteten Materials und eine Neu-Aussaat unterbleiben mußten. Deshalb können für die letztjährige Ernte lediglich inzwischen erhaltene Teilergebnisse veröffentlicht werden. Von den bisher etwa 18000 gedroschenen Ähren hatten 77,36% einen Ansatz von mehr als 20 Körnern pro Ähre, also eine weitere Steigerung von etwa $3^1/_2$% gegenüber dem Vorjahre. Doch dürfte nach diesen Ergebnissen der Höhepunkt dieser auf Kornzahl erfolgten Selektion als erreicht anzusehen sein, und somit kann die erste Etappe der Züchtung selbstfertiler Roggen als abgeschlossen angesehen werden.

Tabelle 1.

Jahr	Saatgut	Getütet	Geerntet	Ansatz über 20 Körner	in Proz.
1929	Original Petkuser	23000 Ähren	17423 Ähren	220 Ähren	1,26
1930	Ernte 1929 (üb. 15 Körner)	52000 „	45364 „	1567 „	3,45
1931	Ernte 1930 (üb. 20 Körner)	18000 „	11698 „	7449 „	63,67
1932	Ernte 1931 (üb. 40 Körner)	26000 „	17400 „	12862 „	73,92
1933	Ernte 1932 (üb. 50 Körner)	36000 „	17905 „ bisher ausgerieben	13545 „	77,36

Die Kurven der Tabelle 2 lassen die Fortschritte in der Ansatzsteigerung ganz eindeutig erkennen, und zwar besonders aus der Verlagerung der Spitzenleistung nach rechts. Während 1931 die meisten Ähren einen Ansatz von 20 bis 30 Körnern aufwiesen und dann 1932 die weitaus größte Anzahl zwischen 30 und 40 Körnern besaß, zeigt die Mehrzahl der isolierten Ähren der letztjährigen Ernte einen Ansatz von 40—50 Körnern.

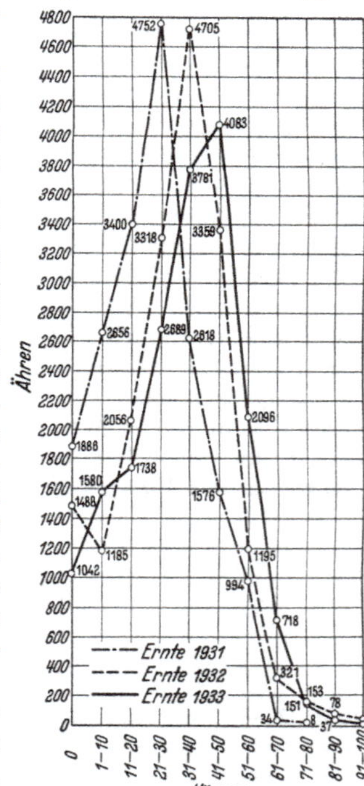

Tabelle 2.

Daß die Selbstfertilität beim Roggen erblich bedingt ist, geht ganz einwandfrei daraus hervor, daß immer ganze Nachkommenserien von einzelnen Pflanzen guten Ansatz besitzen, während andere Linien wieder durchweg minderwertig sind. So gehen auch infolge der ständigen Selektion die 2400 A-Stämme des letzten Jahres nur auf 305 Ähren der Ernte 1930 zurück. Z. B. stammt eine ganze

Serie von nicht weniger als 78 Stämmen des letzten Jahres, deren Ähren sämtlich über 50 Körner enthielten, von einer einzigen Ursprungspflanze des Jahres 1928/29 ab, deren Nachkommen immer in allen Generationen mit nur ganz wenigen Ausnahmen in jeder Beziehung höchste Inzuchtimmunität aufwiesen. Ähnliches findet sich auch bei einer ganzen Reihe von anderen Pflanzen, die durchgehend ausgesprochen guten Ansatz besaßen, während andererseits die Nachkommen mäßig befruchteter Ähren nur in den seltensten Fällen besser waren als ihre Eltern. Auch zeigen sich bei solchen Nachzuchten häufig ganz erhebliche Inzuchtstörungen, wie z. B. letale Weißblättrigkeit, mangelndes Schoßvermögen, sonstige Wachstumsstörungen oder verkrüppelte Ährenbildung.

Außer der Selektion auf Kornzahl wurde bereits in den letzten Jahren eine negative Auslese bezüglich der Korngröße eingeschaltet, so daß also minderwertige Körner nicht mehr ausgelegt wurden.

Im Herbst 1932 wurde von Prof. EICHINGER, Pförten, dessen gesamtes Roggen-Selbstungsmaterial dem hiesigen Institut zur Verfügung gestellt und dadurch das bereits vorhandene Material wesentlich erweitert. Bei diesen neuen Selbstungen handelte es sich um Roggenstämme, die größtenteils bereits eine 8jährige Selbstbestäubung durchgemacht hatten, und die vor allem auf Kurzstrohigkeit bei befriedigender Ährenausbildung selektioniert worden waren.

Soweit nach der bisher nur teilweise erfolgten Auswertung der letzten Ernte festgestellt werden konnte, befinden sich unter diesem Material eine ganze Reihe sehr wertvoller Stämme, die bei kürzestem Stroh und langer Ährenspindel sehr guten Kornansatz besaßen. Da solche ganz ähnlichen Stämme auch bereits in dem vorhandenen Material zu beobachten waren, wird hierin bereits eine Kombinationszüchtung vorgenommen werden können, und es ist zu erwarten, daß nach einer allerdings im ersten Jahre wahrscheinlichen starken Heterosiswirkung in den folgenden Generationen die lange gewünschten, ertragreichen Kurzstrohroggen erhalten werden.

Somit hat sich nach den obigen Ausführungen auf Grund der Erfahrungen der letzten Jahre ganz einwandfrei ergeben, daß es ohne Frage möglich ist, selbstfertile, also mit sich selbst verträgliche Roggen hervorzubringen, die 100prozentig inzuchtimmun sind. Es ist aber bisher noch nicht festgestellt worden, und das ist eine der Hauptaufgaben der nächsten Zeit, inwieweit die jetzt vorhandenen selbstfertilen Stämme gleichzeitig autogam sind. Denn schließlich muß es im Endeffekt ja darauf ankommen, autogame Roggen zu gewinnen, die sich auch ohne Zwangsisolierung selbst bestäuben, die also ihre Antheren bereits innerhalb des Ährchens öffnen. Aus diesem Grunde werden in Zukunft eingehende Untersuchungen hierüber zu erfolgen haben, um die selbstfertilen und gleichzeitig autogamen Typen zu erfassen, so daß sich dann die Wahrscheinlichkeit dafür ergibt, ein ähnliches Sortiment verschiedenster Roggen herstellen zu können, wie sie beim Weizen vorhanden sind. Dann erst ist die Möglichkeit gegeben, mit der notwendigen Kombinationszüchtung zu beginnen, um alle die Sorten herzustellen, die sich infolge ihrer speziellen Eigenschaften für die verschiedenen Klima- und Bodenlagen als geeignet und wünschenswert herausstellen, und außerdem ist dann die große Gefahr der Fremdbestäubung ausgeschaltet.

Eine zweite sehr wichtige Arbeit in der Roggenzüchtung besteht darin, einen mehrjährig perennierenden Kulturroggen zu gewinnen, und zwar geht diese Züchtung ursprünglich auf Kreuzungen zwischen Petkuser Roggen und *Secale montanum anatolicum* zurück. Dieser letztere, ein Wildroggen mit brüchiger Ährenspindel und Kümmelkörnern, besitzt eine etwa 7jährige Perennierfähigkeit, die nach Möglichkeit mit den sehr wertvollen Eigenschaften unserer Kulturroggen kombiniert werden soll. Allerdings wird der Wert einer solchen Neuzüchtung wohl vor allem in der Gewinnung eines sehr hochwertigen Grün- oder Silagefutters zu erblicken sein, doch ist es notwendig, hierüber später noch eingehende Untersuchungen durchzuführen.

Infolge der entsprechenden Auslesen ist es im Verlaufe der letzten Jahre gelungen, aus den Kreuzungsnachkommenschaften alle die Typen auszuscheiden, die die brüchige Ährenspindel oder die kleinen Körner des Wildroggens besaßen. Nur allein solche Stämme wurden weiter vermehrt, die neben der erwünschten Perennierfähigkeit gleichzeitig einen guten Ansatz und gute Kornqualität aufwiesen. Nur dadurch wurde es erreicht, daß unter dem heute vorhandenen Material die Ährenbrüchigkeit völlig verschwunden ist. Während dagegen im Jahre 1931 die Perennierfähigkeit an fast 34% der Stämme festzustellen war, hat die außergewöhnliche Trockenheit im August/September der beiden letzten Jahre eine sehr wünschenswerte natürliche Selektion auf Trockenheitsresistenz im Gefolge gehabt. Nur etwa 10% der Pflanzen haben dieser Witterung standgehalten und wieder frische Blätter getrieben, während alles übrige abgestorben ist. Es muß also nach diesen Erfahrungen angestrebt werden, die Resistenz gegenüber der Trockenheit durch entsprechende Auslesen weitgehend zu erhöhen, wenn ein solcher Roggen für ärmste Böden und ungünstigste Klimaverhältnisse brauchbar sein soll. Daß die Perennierfähigkeit in feuchteren Lagen ganz wesentlich besser ist, steht nach den gemachten Erfahrungen einwandfrei fest. Die bisherigen Ergebnisse der letzten Jahre haben außerdem gezeigt, daß bei genügend vorhandener Feuchtigkeit nicht nur die Kornqualität solcher Stauden gleichbleibend ist, sondern auch daß die Bestockung im zweiten und dritten Jahre sehr erheblich zunimmt, wodurch die Erträge wesentlich erhöht werden. So wurden an einzelnen Pflanzen im 3. Jahre 80—90 Halme gezählt, und es wird in

Zukunft festgestellt werden müssen, ob sich dieses Bestockungsvermögen auch weiterhin erhält und wie viele Jahre überhaupt die Perennierfähigkeit dieser Kreuzungsnachkommenschaften währt.

Eine ganze Reihe von Einzelproblemen sind bei dieser Neuzüchtung noch zu lösen, und es ist gar nicht möglich, heute schon etwas Abschließendes darüber zu sagen. Wenn es aber gelingt, einen solchen perennierenden Kulturroggen herzustellen, dann wäre damit wahrscheinlich eine Rentabilität des Roggenbaues gewährleistet. Man würde dadurch in die Lage versetzt, ihn entweder 2—3mal im Jahre als Grünfutter zu mähen oder aber jährlich mehrere Schnitte in gehächseltem Zustande einzusilieren oder schließlich nach einem Grünfutterschnitt den 2. Schnitt reif zu ernten. Bezüglich aller dieser Fragen würde sich natürlich die Notwendigkeit erweisen, entsprechende Anbau- und Bodenbearbeitungsversuche zu machen, ehe es möglich ist, eine derartige, heute noch im Entwicklungsstadium begriffene Sorte auf den Markt oder an die Öffentlichkeit zu bringen.

Weizenzüchtung.

Von KLAUS V. ROSENSTIEL, Müncheberg.

Die Weizenzüchtung des Kaiser Wilhelm-Instituts in Müncheberg geht auf Anfänge zurück, die Prof. BAUR in Brigittenhof legte. Wie alle praktischen Zuchtarbeiten des Instituts geht die Problemstellung von volkswirtschaftlichen Überlegungen aus:

Gerade in den Kriegsjahren hatten wir den Mangel einer nationalen Ernährungsbasis besonders bitter empfunden. Ihr Fehlen wurde einer der Gründe des Zusammenbruchs. Während Roggen in Deutschland in ausreichendem, ja *zu reichlichem* Maße erzeugt wurde, deckten wir bei Weizen nur einen Bruchteil des Eigenbedarfs.

Es erschien deshalb aussichtsreich, durch Züchtung von Weizenrassen, deren Ansprüche an Boden und Klima dem Roggen nahe kamen, dieses Verhältnis günstig zu beeinflussen. Die Züchtungsversuche wurden daher von Prof. BAUR mit den Zielen: *Anspruchslosigkeit* in bezug auf Bodenqualität, *Winterfestigkeit* und *Dürrefestigkeit* bei *Erträgen*, die denen des Roggens gleichkommen und in der ausgesprochenen Absicht, damit eine Sorte für die besonderen Verhältnisse Ostdeutschlands zu schaffen, eingeleitet. Der erste Weizen, der zu diesen Zuchtversuchen herauswuchs, war der „*Ostmärker*", der heute von der Saatzuchtanstalt Salzmünde der Firma Wentzel in den Handel gebracht wird.

Dieser Weizen besitzt eine außergewöhnlich hohe Winterfestigkeit, wie sowohl aus den praktischen Anbauvergleichen wie auch aus physiologischen Untersuchungen hervorgeht. Seine geringen Ansprüche an die Bodenqualität erlauben seinen Anbau auf Böden, die vor seiner Züchtung nicht als weizenfähig bezeichnet werden konnten. Seine Dürrefestigkeit und sein Ertrag befriedigen ebenfalls unter den ostdeutschen Verhältnissen.

Bei seinem Erscheinen hatte sich aber die deutsche Weizenerzeugung so grundlegend geändert, daß auch von maßgebenden Kreisen die Bedeutung der Weizenzüchtung in Frage gestellt wurde: Inzwischen war durch eine systematische Ausdehnung der Weizenfläche, vor allem durch ein Verdrängen des Roggenbaues von den schweren weizenfähigen Böden, die deutsche Weizenerzeugung bis zur Deckung des Eigenbedarfs gesteigert worden.

Wie sind die Zukunftsaussichten? Wir dürfen in Deutschland heute sicher nicht von einer Weizenüberproduktion sprechen: Das Zusammentreffen eines so *einseitig ausgedehnten Weizenanbaues* mit zwei so *ausgezeichneten Weizenernten* wie in den beiden vergangenen Jahren darf nicht wieder erwartet werden. Außerdem werden im kommenden *Jahrzehnt* folgende Faktoren die Ausdehnung der Weizenanbaufläche vermindern bzw. die ha-Erträge drücken:

1. Die Vergrößerung der Zuckerrübenanbaufläche, wie sie vom Zuckersyndikat beschlossen wurde.

2. Der durch die Preispolitik der Reichsregierung verminderte Anreiz zum Getreidebau.

3. Der durch regierungsseitige Maßnahmen geförderte Anbau von Öl- und Faserpflanzen.

Für die Verstärkung des Anbaues von Zuckerrüben, Öl- und Faserpflanzen müssen in erster Linie die *besseren* Bodenklassen freigemacht werden. Es wird daher in Zukunft der Bedarf an anspruchslosem Weizen zunehmen. Die verstärkte Siedlungstätigkeit wird die mittleren ha-Erträge verringern. Eine Zusammenstellung der wichtigen Zahlen findet sich in der NS Landpost *vom 16. Dezember 1933* (WOLFGANG CLAUSS: Bauernhöfe und Großbetriebe als Versorger unserer Städte). Um die deutsche Eigenversorgung mit Brotgetreide sicherzustellen und unsere wehr- und außenpolitische Stellung dadurch zu stärken, müssen alle Anstrengungen gemacht werden, um diese Nebenwirkungen der Siedlungsmaßnahmen auf ein möglichst kleines Maß zurückzuführen. Wenn sich diese Anstrengungen auch in erster Linie darauf richten müssen, durch *acker- und pflanzenbauliche Schulung* den Kleinbetrieb zu höheren Ernten je Flächeneinheit zu befähigen, so kann hier auch das Bereitstellen anspruchsloser, aber ertragreicher Sorten fördernd eingreifen.

Ganz allgemein sprechen die aufgeführten Entwicklungslinien für die Notwendigkeit, gerade heute die Züchtung *anspruchsloser* Sorten zu fördern, um solche Sorten, wenn sie später dringend gebraucht werden, fertig zur Hand zu haben. *Die Weizenzüchtung ist zu langwierig, um sie zu beginnen, wenn der Bedarf da ist.* Sie muß bereits 10—15 *Jahre* vorher eingeleitet worden sein, wenn der Züchter nicht hoffnungslos zu spät kommen will.

Während der Jahrzehnte eines starken Weizenimportes aus Übersee haben sich sowohl unsere Müller wie Bäcker auf die aus diesen Ländern bezogenen Weizenqualitäten eingestellt; eine Umstellung auf ausschließlichen Verbrauch deutscher Weichweizen würde sehr große Kosten verursachen.

Wir haben daher, als der Eigenbedarf an Weizen mehr und mehr gedeckt wurde, angefangen, einen Teil unseres Weizens auszuführen und dafür hochbackfähige Weizen einzuführen. Volkswirtschaftlich gesehen ist das ein sehr schlechtes Geschäft, da für den Auslandsweizen wesentlich höhere Preise bezahlt werden mußten, als für unseren Weizen bei der Ausfuhr zu erhalten waren.

Preise je Tonne Weizen in RM.

	1929	1930	1931	1932
Einfuhr-Gesamtmittel .	**209**	**196**	**128**	**107**
U. S. A.	211	189	120	105
Kanada	214	192	127	104
Argentinien	206	198	110	93
Ausfuhr-Gesamtmittel .	**190**	**164**	**74**	**73**
Dänemark	187	187	70	69
England	190	177	73	73
Holland	198	146	75	71
Preisunterschied zu ungunsten der Ausfuhr	— 19	— 32	— 54	— 34

Damit ist die Frage der Weizenqualität zu einer Frage der Gestaltung der Handelsbilanz geworden, und es erhebt sich die Notwendigkeit, den Versuch zu machen, hier mit planmäßiger Züchtung einzusetzen.

Die Müncheberger Weizenzüchtung trägt den kurz abgeleiteten Forderungen Rechnung: Sie sucht weiterhin Winterfestigkeit, Anspruchslosigkeit, Dürrefestigkeit ihrer Weizen zu erhöhen und zu möglichst *hohen* und *sicheren* Erträgen auf den leichten Böden des deutschen Ostens zu gelangen und strebt durch *Auslese backfähiger Stämme* die Qualität so weit zu steigern, daß die Notwendigkeit des für uns unrentablen Tauschgeschäftes mit dem Ausland fortfällt.

Als Ausgangsmaterial stehen die Ramsche aus Kreuzungen zwischen guten deutschen Zuchtsorten und deutschen Landsorten mit südosteuropäischen Qualitätsweizen zur Verfügung, Zucht material, das sich heute in $F_5—F_{10}$ befindet. Daneben steht eine große Anzahl von Weizen-Roggenbastarden, die allerdings zur Erreichung einer genügenden Fertilität mehrfach mit Weizen rückgekreuzt werden mußten. Aus diesen Ramschen wurden sehr viele Einzelähren ausgelesen, die Nachkommenschaften beobachtet und die besten davon auf Ertrag vorgeprüft.

Es sind im letzten Jahrzehnt sehr ausgedehnte Versuche gemacht worden, die Prüfung auf Winterfestigkeit und Dürreresistenz vom Felde ins Laboratorium zu verlegen, um so schneller und sicherer zum Ziele zu gelangen und sich von dem Eintreten bzw. Nichteintreten der zur Prüfung im Felde notwendigen Klimaverhältnisse unabhängig zu machen. Wenn diese heute sehr weit durchgebildete Methode in Müncheberg nicht zur Anwendung gelangte, so liegt das nicht nur an den beschränkten zur Verfügung stehenden Mitteln, die die Beschaffung der zum Teil sehr kostspieligen Einrichtungen nicht erlauben. Es wurde hier vielmehr danach gestrebt, die Sicherheit des Eintretens der notwendigen Außenbedingungen dadurch zu erhöhen, daß die Zuchtstation unter Boden- und Klimabedingungen angelegt wurde, die so ungünstig sind, daß mit einer scharfen Auslese gerechnet werden darf. Müncheberg hat leichten Boden, Klasse 6—8, leicht lehmigen Sand bis reinen Sand, und außerdem ein ungewöhnlich trockenes Klima. Die Stadt Berlin, 50 km westlich von Müncheberg gelegen, scheint einen ähnlichen Einfluß auf die Niederschlagshöhe zu haben, wie ein Gebirge: Müncheberg hat im Jahr etwa 100 mm weniger Niederschläge als Berlin.

Um die Zuchtstämme unter noch rauheren Verhältnissen vor allem auf Kälteresistenz prüfen zu können, wurde vor einem Jahr eine Filiale in Powayen bei Königsberg i. Pr. eingerichtet. Dort befindet sich ein umfangreiches Zuchtmaterial in Versuchen.

Zur eingehenderen Prüfung auf Dürrefestigkeit wurde im Jahre 1932/33 ein Versuch in Hinterpommern auf einer Wirtschaft mit ungewöhnlich leichtem (kiesigen) Boden, die außerdem auf einer Trockeninsel gelegen ist, angelegt. Wir geben uns nicht dem Optimismus hin, jemals einen Weizen zu finden, der unter den dortigen Verhältnissen, am Rande der Roggenanbaugrenze, noch wirtschaftlich gebaut werden könnte. Es sollte vielmehr festgestellt werden: lassen sich die Unterschiede in bezug auf Dürrefestigkeit, die hier in Müncheberg gefunden wurden, unter den dortigen Klimabedingungen schärfer erfassen. Gemessen wurde die Dürrefestigkeit (nachdem der Einfluß der Winterfestigkeit durch Berücksichtigung der überwinterten Pflanzenzahlen eingeschränkt worden war) durch die Bestimmung des Ertrages. Ein Tastversuch hatte folgendes Ergebnis:

	Kornerträge für Kadolzer = 100
Stamm D 18/32	94,5
D 21/32	69,4
D 17/32	65,2
C 2/32	59,8
General v. STOCKEN	51,1
Janetzkis fr. Krz. L.	45,2
Salzmünder Standart	45,0

Die Sorte Kadolzer (begrannt), die aus Feldversuchen als hervorragend dürrefest und anspruchslos bekannt geworden war, ergab nicht nur den weitaus höchsten Ertrag, sondern zeigte vor allem als einzige Sorte ein völlig gleichmäßiges Ausschossen. Auch der nächstbeste Stamm D 18 (übrigens unbegrannt) zeigte schon vielfach in der Blattscheide steckengebliebene Ähren. Vollkommen unregelmäßig ausgeschoßt waren die weiteren Vergleichssorten. In der Verbindung von Feldbeobachtungen mit zahlenmäßigen Ertragsfeststellungen unter so extremen Wachstumsbedingungen glauben wir ein wichtiges Hilfsmittel zur praktischen Züchtung anspruchsloser Weizen gefunden zu haben. Wir sind uns darüber klar, daß das angewandte Verfahren botanisch nicht einwandfrei ist. Es erhebt auch nicht den Anspruch, einzelne Faktoren isoliert zu erfassen, sondern sucht den ganzen Komplex der Klimafaktoren auf die Pflanze in seinem endlichen Einfluß auf den Kornertrag quantitativ festzustellen. Maßgebend für diese Überlegung war die Tatsache, daß wir unseren Weizensorten zwar ganz bestimmte Eigenschaften anzüchten können, es aber nicht in der Hand haben, die Wachstumsfaktoren, unter deren Einfluß später der praktische Anbau stattfinden soll, in ihrem gegenseitigen Verhältnis vorherzusehen.

Wir sind davon überzeugt, daß die Prüfung großer Sortimente unter extremen Boden- und Klimaverhältnissen ein bisher vernachlässigtes, aber für das Auffinden von neuen wichtigen Kreuzungseltern aussichtsreiches Verfahren darstellt. Diese Gedankengänge haben enge Beziehungen zu denjenigen AZZIS, die diesen zur Einleitung seiner großen geographischen Versuche führten.

Bei der Züchtung auf *Backqualität* schien es zur Erreichung wirklich großer Fortschritte notwendig, die Auslese auf hohe Backfähigkeit an möglichst großen Zahlen von Einzelpflanzen oder Nachkommenschaften von solchen vorzunehmen und diese Auslese an eine möglichst frühe Stelle des gesamten Züchtungsverfahrens einzuschalten. Die in den letzten Jahren ausgearbeiteten Methoden von BERLINER und von PELSHENKE, besonders soweit sie mit Schrot arbeiten, sind für solche Ausleseverfahren brauchbar, vorausgesetzt, daß man sie durch geeignete Abänderungen, ohne zu starke Erhöhung ihrer Fehlerquellen, schon auf ganz kleine Materialmengen anwenden kann. Die in Müncheberg im vergangenen Jahr durchgeführten Versuche geben Anlaß zu der Hoffnung, daß es mit diesen abgeänderten Methoden möglich ist, die Backfähigkeit an Einzelpflanzen festzustellen und so eine Analyse von Kreuzungsnachkommenschaften vorzunehmen. Es steht zu hoffen, daß dabei Rückschlüsse auf die genetische Bedingtheit der mit dieser Methode erfaßten Eigenschaften möglich sein wird, was andererseits wieder Rückschlüsse auf die Aussichten, die verschiedene Sorten als Kreuzungseltern bieten, zulassen würde. Außerdem lassen die vereinfachten Methoden die Untersuchung eines großen Sortiments zu. Beide Arbeiten laufen zur Zeit, ermöglicht durch das Entgegenkommen der Notgemeinschaft der deutschen Wissenschaft, der auch an dieser Stelle dafür gedankt sei.

Eine weitere Frage, die bei der Züchtung von Weizen für leichte Böden an Bedeutung gewinnt, ist die der Anpassung von Weizen an die meist saure Reaktion von Sandböden. Diese Reaktion ist nur durch sehr große Kalkgaben bis ins alkalische Bereich zu ändern; ihre Abänderung ist aber für die Fruchtfolge auf diesen Böden, die Kartoffeln als wesentlichen Bestandteil enthält, nicht erwünscht. Tastversuche ergaben, daß zwischen den verschiedenen Weizensorten sehr erhebliche Unterschiede in dieser Richtung bestehen und daß es zweckmäßig erscheint, eine Methode auszuarbeiten, die das Prüfen einer großen Anzahl von Sorten auf diese Eigenschaft hin erlaubt.

Züchterische und genetische Versuche mit Gerste.

Von H. KUCKUCK, Müncheberg.

Die seit dem Jahre 1928 in Müncheberg laufenden Versuche mit Gerste betreffen zwei verschiedene Gebiete: das eine Mal handelt es sich um die Lösung rein praktisch-züchterischer Aufgaben und das andere Mal um theoretische Vorarbeiten, die sich mehr mit allgemeinen Fragen der Züchtungsmethoden beschäftigen.

In den ersten Jahren haben die praktischen Arbeiten im Vordergrund gestanden, von denen die

Züchtung winterharter Gersten

als besonders vordringlich angesehen wurde. Unsere bisher bestehenden Wintergerstensorten sind für das strenge Klima in Ostpreußen und Hinterpommern nicht winterhart genug. Um den betriebswirtschaftlich so günstigen Futtergerstenanbau, der besonders für Ostpreußen mit seiner kurzen Vegetationsperiode eine günstige Arbeitsverteilung in der Ernte zu schaffen vermag, auch auf diese Gebiete ausdehnen zu können, wird das Schwergewicht der Gerstenzüchtung auf die Züchtung besonders winterharter Sorten gelegt. Nach den bisherigen Erfahrungen scheint eine Transgression in der Winterfestigkeit durch Kreuzung verschiedener mitteleuropäischer Formen nicht erreichbar zu sein. Der Genbestand für Winterfestigkeit ist wohl bei diesen Sorten weitgehend identisch. Doch ist es möglich, durch derartige Kombinationen andere wertvolle Eigenschaften, wie Ertrag, Standfestigkeit und Frühreife, noch zu verbessern. Eine Erhöhung der Winterfestigfestigkeit wird nach den bisherigen Erfahrungen dagegen durch rumänische Wintergersten zu erreichen sein.

Nach Berichten von Herrn Prof. SAULESCU (Cluj, Rumänien) sind nach den dortigen Versuchen die rumänischen Wintergersten den deutschen weit überlegen. Selektionsversuche aus rumänischen Wintergersten (Landsorten) im Winter 1932/33 haben auch tatsächlich gezeigt, daß die

Winterfestigkeit der rumänischen Eliten zum Teil erheblich größer ist als die der deutschen Vergleichssorte. Kreuzungen der winterharten rumänischen Stämme mit ertragreichen deutschen Sorten sind auch bereits ausgeführt, um, falls es sich als notwendig erweisen sollte, die Kombination von Ertragsfähigkeit mit Winterfestigkeit zu gewinnen.

Eine weitere wichtige züchterische Aufgabe liegt in der

Züchtung spelzenfreier Nacktgersten.

Bei den allgemein zum Anbau kommenden Gerstensorten verwächst die Hüllspelze mit dem sich entwickelnden Korn zu einer Karyp ose, während bei den Nacktformen das Korn beim Dreschen aus den Hüllspelzen entlassen wird, genau wie beim Weizen. Die Spelzen bestehen zum größten Teil aus unverdaulicher Rohfaser und bilden daher eine unnötige Belastung des Viehmagens. Nach den Berichten von Dr. K. G. SCHULZ ist es möglich, bei der Dometzkoer Nacktgerste durch entsprechende Düngung den Eiweißgehalt bis zu 20% zu steigern, so daß die Nacktgerste ein besonderes hochwertiges Eiweißfutter darstellt. Es ist wohl gar keine Frage, daß auch durch zweckmäßige Selektion der genetisch bedingte Eiweißgehalt gesteigert werden kann. Nach Fütterungsversuchen von KNIBBE (Landwirt. Versuchsstation 1933) an Schweinen war der Fett- und Fleischansatz bei der Fütterung von Nacktgerstenschrot höher als bei Fütterung mit gewöhnlichem Gerstenschrot. 100 kg Nacktgerstenschrot ergaben einen Stärkewert von 94,6 kg gegenüber 81,1 kg von 100 kg Sommergerstenschrot. Aber nicht nur für die Futterverwertung, sondern auch für Brauereizwecke scheint die Nacktgerste eine gewisse Zukunft zu haben. Nach brautechnischen Versuchen ist die Extraktausbeute um 6—7% höher, Farbe und Geschmack der Biere werden günstig beeinflußt, da die Spelzen infolge ihrer gerbstoffhaltigen Substanzen verschlechternd auf die Qualität des Bieres wirken.

Von Nacktgersten werden sowohl Winter- als auch Sommerformen gezüchtet, und zwar wird bei beiden Formen nach 2 Richtungen selektioniert, einmal auf hohen Eiweißgehalt für Futtergersten, das andere Mal auf niedrigen Eiweißgehalt für Braugersten. Für die Bearbeitung der brautechnischen Fragen der Gerstenzüchtung besteht eine Arbeitsgemeinschaft mit dem Leiter der Rohstoffabteilung des Instituts für Gärungsgewerbe, Berlin, Herrn Dr. K. G. SCHULZ.

Als theoretische Grundlagen für die praktisch-züchterischen Arbeiten, insbesondere für die Ramschmethoden, sind

Untersuchungen über Auslesevorgänge in Populationen

eingeleitet worden. In Müncheberg wird weitgehend in der Getreidezüchtung von der Ramschmethode Gebrauch gemacht, deren Wesen darin besteht, daß das Kreuzungsprodukt ab F_3 5 bis 10 Jahre feldmäßig vermehrt wird, und zwar unter Bedingungen, unter denen der Anbau der neuzuschaffenden Sorte geplant ist. Hierdurch wird erreicht, daß im Laufe der Jahre alle diejenigen Typen ausgemerzt werden, die an die betreffenden Bedingungen nicht angepaßt sind und daher im Konkurrenzkampf mit anderen Typen unterlegen sind, und daß allmählich eine Zunahme der Homozygoten und eine Abnahme der Heterozygoten stattfindet. Bei Selektionen in F_8 oder noch später findet der Züchter schon ein weitgehend homozygotes Material vor, so daß durch Spaltungen in den Nachkommenschaften von Elitepflanzen keine Schwierigkeiten mehr entstehen.

Zuweilen wurde nun in den Ramschen die Beobachtung gemacht, daß bestimmte Kombinationstypen, um derentwillen gerade die Kreuzung ausgeführt worden war, wie z. B. die Nacktform der Gersten, im Laufe der Jahre verschwinden. Das Verschwinden bestimmter Formen besagt nun zunächst nur, daß dieselben im Konkurrenzkampf mit anderen unterlegen sind. Das heißt aber nicht, daß sie unbedingt auch *beim getrennten Anbau* im Ertrage den im Konkurrenzkampf überlegenen Sorten nachstehen. Diese Beobachtungen führten zu einer gewissen Modifizierung der Ramschmethode, die darin besteht, daß rezessive Typen, die für die betreffende Züchtung benötigt werden, in F_3 und in den Folgegenerationen ausgelesen und als abgesonderte Ramsche getrennt weiter geführt werden. Weiterhin gaben diese Beobachtungen Veranlassung, einmal an Hand von künstlich zusammengesetzten Ramschen diese Auslesevorgänge besonders in ihrer Abhängigkeit von äußeren Faktoren nachzugehen. Hierzu wurden aus 11 morphologisch und physiologisch verschiedenen Gerstensorten zu gleichen Teilen in allen möglichen Kombinationen Ramsche hergestellt und gleichzeitig unter verschiedenen äußeren Verhältnissen ausgesät. Im Laufe der Jahre soll durch alljährlich stattfindende exakte Analysen der einzelnen Ramsche festgestellt werden, in welcher Richtung sich die einzelnen Komponenten der Ramsche verschieben und wie weit diese Verschiebung durch äußere Verhältnisse beeinflußt wird.

Die Kenntnis dieser Auslesevorgänge wird für eine zweckmäßige Handhabung der Ramschmethode von großer Bedeutung sein. Sie wird es ermöglichen, die natürliche Selektion in gewünschte Bahnen zu lenken. Neben dieser rein praktischen Nutzanwendung haben die Versuche auch ein theoretisches Interesse. Die Frage des Auslesewertes morphologisch und physiologisch verschiedener Formen in Gemischen, ihre wechselseitige Beeinflussung und die Abhängigkeit der stärkeren Vermehrung bestimmter Typen von äußeren Bedingungen dürfte auch für das Problem der Rassen- und Artbildung wesentlich sein.

Versuche, die in gleicher Weise für die praktische Züchtung wie für die theoretische Forschung von Interesse sind, beschäftigen sich mit der

experimentellen Auslösung von Mutationen.

Die Arbeit wird zusammen mit Herrn Dr. STUBBE ausgeführt, und zwar wird versucht, vornehmlich durch Bestrahlung männlicher Gonen Mutanten zu erzeugen. Die von Herrn Dr. STUBBE bei *Antirrhinum majus* durch Gonenbestrahlung erzielten Ergebnisse und Erfahrungen lassen es als besonders aussichtsreich erscheinen, auf diese Weise auch bei Gerste Mutanten zu erhalten und damit die Selektionsbasis erheblich zu vergrößern.

Besondere Aufmerksamkeit habe ich in den letzten Jahren den Fragen der

Artkreuzung

geschenkt. Gelungene Artkreuzungen bei Gerste sind bisher noch nicht beschrieben worden. Seit 1929 habe ich jeden Sommer im großen Maßstabe Kreuzungen zwischen *Hordeum sativum* und *Hordeum bulbosum* ausgeführt. *Hordeum bulbosum* ist perennierend und hat $n = 14$ Chromosomen, während *Hordeum sativum* $n = 7$ Chromosomen besitzt. 1931 ist mir erstmalig die Kreuzung mit *Hordeum bulbosum* als Vater gelungen. Der Bastard ist vollständig dem *bulbosum*-Vater ähnlich, hat somatisch 21 Chromosomen, ist perennierend und nach den bisherigen Versuchen steril. Wieweit es möglich sein wird, den Bastard auch für die praktische Züchtung auszuwerten, kann heute noch nicht gesagt werden. Versuche in dieser Richtung sind bereits im Gange.

Neben der genetischen und cytologischen Analyse des Artbastardes werden auch

genetische Analysen von Rassenkreuzungen

ausgeführt. Bis zum Jahre 1932 wurde an der genetischen Analyse der Entstehung von Wintergersten aus Kreuzungen von Sommergersten und über die Beziehungen der Winterfestigkeit zum Winter-Sommertyp und zur Vegetationslänge gearbeitet. Diese Arbeiten sind im wesentlichen zum Abschluß gebracht und bereits publiziert worden. Aus der Arbeit ergaben sich einige Schlußfolgerungen für die praktische Züchtung; die Bedeutung von Winter- × Sommergerstenkreuzungen für die Züchtung winterfester Sorten und die Ausnutzung des Anbaues von Wintergerstenramschen im Frühjahr, aus deren Entwicklungsverlauf (Sitzenbleiben als Rosetten bzw. Schossen) wahrscheinlich Rückschlüsse auf die Winterfestigkeit zu ziehen sind. Auch für phylogenetische Fragen gibt das Herausspalten von winterfesten Winterformen und extrem frühen Sommerformen aus der Kreuzung zweier Sommerformen einige Hinweise.

Zur Zeit wird an der genetischen Analyse der Viktoriagerste, einer Mutante, die in der BETHGEschen Gerste III auftrat und die von E. SCHIEMANN bereits beschrieben wurde, gearbeitet. Die Mutante, die kurzstrohig, dickblätterig und kurzgrannig ist, erinnert an bisher nur im Osten bekannte Gersten. Sie erheischt daher ein besonderes phylogenetisches Interesse und rechtfertigt eine genaue genetische Analyse besonders durch Kreuzungen mit japanischen Gerstenformen.

Die Geschichte der „Süßlupinen".

Von R. v. SENGBUSCH, Müncheberg.

Die deutsche Landwirtschaft erzeugt in großen Mengen *Kohlehydrate*, jedoch nicht genügend *Eiweiß* und *Fett*. Vor dem Kriege wurden große Mengen Eiweiß und Fett eingeführt, so daß während des Krieges Deutschland durch die einseitige Kohlehydraterzeugung der Landwirtschaft an einem Eiweiß- und Fettmangel gelitten hat. Auch nach dem Kriege hatte die deutsche Landwirtschaft sich nicht so weit umgestellt, daß Deutschland auf die Einfuhr von Eiweiß und Fett verzichten konnte. Darum hat man von jeher sein Augenmerk darauf gerichtet, Pflanzen zu finden, die eine volkswirtschaftlich ins Gewicht fallende Eiweiß- und Fetterzeugung im Inland ermöglichen würden. Dabei ist man immer wieder auf die Lupine zurückgekommen. Die beiden Arten, Lupinus luteus und Lupinus angustifolius enthalten *30—40% Rohprotein* und *4—6% Fett*. Zudem begnügen sich diese Lupinenarten mit leichtesten Böden — reichern diese armen Böden sogar mit Nährstoffen an — und haben eine außerordentlich vielseitige Verwendungsmöglichkeit. Sie sind sowohl als Eiweiß- wie als Fett- und evtl. auch als Faserpflanzen zu nutzen, bieten ferner die Möglichkeit der Gewinnung wertvoller anderer Stoffe wie Lecithin u. a. m.

Zu diesen beiden Lupinenarten wird wahrscheinlich Lupinus albus kommen und einen erheblichen Anteil zu der Lösung des Eiweißproblems und eventuell auch des Fettproblems beitragen, da Lupinus albus wesentlich höhere Erträge als Lupinus luteus und Lupinus angustifolius zu liefern vermag, ebenfalls sehr eiweißreich (etwa 40%) und bedeutend kalkunempfindlicher ist. Lupinus albus dürfte daher eine Eiweißpflanze der besseren Böden werden.

Es erhebt sich nun die Frage, wieweit die Lupine in der Lage ist, wesentlich bei der Inlandeiweißversorgung mitzuwirken.

Die Eiweißeinfuhr betrug in den letzten Jahren etwa 1 Million t. Es bleibt demgegenüber zu prüfen, wie groß die eigene Eiweißerzeugung durch Lupinen sein könnte. Die Lupinenanbaufläche ist im Laufe der letzten Jahrzehnte stark zurückgegangen, so daß man diese Fläche nicht zum Gradmesser der möglichen Eiweißerzeugung machen kann. Im Jahre 1883 betrug die Lupinenanbaufläche für Körnergewinnung rund 230000 ha, diejenige für Gründüngung etwa 200000 ha. Wenn man die Summe dieser beiden Anbauflächen einer Berechnung zugrunde legt, so ergibt sich daraus eine Eiweißerzeugung von rund 250000 t, das sind etwa 25% der gesamten jährlichen deutschen Eiweißeinfuhr. Dies zeigt, daß die Lupine wesentlich dazu beitragen könnte, uns vom ausländischen Eiweiß unabhängig zu machen. Wenn es gelingt, durch züchterische Beseitigung der nachteiligen Eigenschaften die Lupine zu *der* deutschen Eiweißpflanze zu machen, dann bedeutet das eine wesentliche Verminderung unseres Importaufwandes für Futtereiweiß.

Die Lupinen sind bei uns ziemlich vernachlässigte Kulturpflanzen. Sie weisen noch eine Reihe von Mängeln auf, die ihren Kulturwert stark beeinträchtigen. Ihr hoher Alkaloidgehalt macht sie giftig und unangenehm im Geschmack. Ferner bewirkt das Platzen der Hülsen, daß die Erträge großen Schwankungen ausgesetzt sind.

Es ergeben sich also eine Reihe züchterischer Aufgaben, die volkswirtschaftlich von großer Bedeutung sind.

Obenan steht hierbei das Problem der Entbitterung. Frühzeitig sind eine Unzahl von Verfahren ausgearbeitet worden, um die giftigen und bitteren Stoffe auf künstlichem Wege zu entfernen; solche Verfahren haben aber erhebliche Nachteile, da mit der Extraktion der Alkaloide große Nährstoffverluste (bis zu 20%) eintreten. Die Frage der Herstellung alkaloidarmer Lupinen auf züchterischem Wege ist aber auch häufig erörtert worden, u. a. von FRUWIRTH[1], ROEMER und WINCKEL[2].

WINCKEL hält eine Senkung des Alkaloidgehaltes auf 0,03% für notwendig.

Von einigen deutschen Lupinenzüchtern ist praktisch der Versuch gemacht worden, alkaloidarme Lupinen zu erzielen. Es konnten innerhalb ihrer Stämme Unterschiede im Alkaloidgehalt von etwa 20% festgestellt werden.

Der erste Forscher, der den Weg zur Züchtung einer alkaloidarmen Lupine klar erkannte, ist N. S. PRJANISCHNIKOW[3] gewesen.

Die Züchtung einer alkaloidarmen Lupine ist nach PRJANISCHNIKOW nur durch Individualauslese innerhalb eines sehr großen Materials möglich, und die Auffindung eines solchen Individuums hängt einzig und allein von der Brauchbarkeit der Alkaloidbestimmungsmethode ab. PRJANISCHNIKOW beschreibt eine Methode der Alkaloiduntersuchung, die mit wenig Samenmaterial, aber noch verhältnismäßig umständlicher Extraktion arbeitet. Statt einer gravimetrischen führt er eine nefelometrische Bestimmungsmethode ein.

Durch diese Arbeit erhielt ich 1925 zum erstenmal Kenntnis von der Bedeutung und der Möglichkeit der Züchtung alkaloidarmer Lupinen.

Im Juni 1927 erschienen zwei Lupinen-Sondernummern der „Illustrierten landwirtschaftlichen Zeitung". In diesen beiden Nummern behandelten namhafte Landwirtschaftswissenschaftler die Bedeutung der Lupinenzüchtung. Alle mit dem Lupinenbau und der Lupinenzüchtung irgendwie zusammenhängenden Fragen werden eingehend erörtert.

NEUMANN schreibt am Schluß seines Aufsatzes: „Solange es nicht gelingt, durch Züchtung gift- und bitterstoffreier Sorten eine unmittelbar verarbeitungsfähige Frucht zu erzeugen, werden der Lupinenverwertung in Wettbewerb mit edleren Erzeugnissen des Ackerbaues stets große Schwierigkeiten entgegenstehen."

Im Juli 1927[1] behandelte Prof. BAUR in einer Vorlesung über spezielle Pflanzenzüchtung die Bedeutung der Züchtung alkaloidarmer Lupinen. Er führte etwa folgendes aus:

„Die Lupine ist für die Erzeugung von Eiweiß von besonderer Bedeutung. Ihr Wert ist aber wesentlich durch den hohen Alkaloidgehalt beeinträchtigt. Die Stammpflanzen sehr vieler kultivierter Leguminosen sind alkaloidhaltig. Bei vielen von ihnen ist es in jahrtausendelanger Kultur gelungen, alkaloidfreie Mutanten zu finden. Es ist also sehr wahrscheinlich, daß man bei Bearbeitung eines genügend großen Materials auch bei den noch alkaloidhaltigen Lupinenarten solche Mutanten finden wird. Voraussetzung dafür ist eine Methode, die es erlaubt, Hunderttausende von Einzelpflanzen auf ihren Alkaloidgehalt hin zu prüfen."

Auf diese Ausführungen BAURS hin beschloß ich, mich mit diesem Problem zu befassen. Die Auffindung einer alkaloidarmen Lupine hängt, wie schon gesagt, von der Ausarbeitung einer züchterisch brauchbaren Alkaloidbestimmungsmethode ab. Bereits PRJANISCHNIKOW konnte feststellen, daß es in der Literatur keine Anhaltspunkte für eine derartige Methode gibt.

Ich probierte zuerst biologische Methoden aus, die jedoch nicht zum Ziele führten. Im August 1927 stellte sich dann heraus, daß es auf chemischem Wege möglich sein würde, die Alkaloide nachzuweisen[2].

Prof. BAUR zeigte für meine Arbeiten außerordentlich großes Interesse und veranlaßte, daß auf seinem Gut „Brigittenhof" etwa 20000 Einzelpflanzen von Lupinus luteus geerntet wurden.

An Hand dieses Materials konnte ich die chemische Methode weiter entwickeln. Im Laufe des Winters 1927/28 war die Methode bereits so weit verbessert, daß es mir möglich war, zwischen den einzelnen Pflanzen Unterschiede im Alkaloidgehalt festzustellen. Es gelang die Auffindung von alkaloidarmen Typen, die nur leicht bitter schmeckten[3, 4].

---

[1] Handbuch der landwirtschaftlichen Pflanzenzüchtung 3, 142 (1919).

[2] Die Lupine und ihre Bedeutung für Landwirtschaft und Volksernährung. 1920, S. 36.

[3] J. landwirtsch. Wiss. 1, Nr 5 (1924) unter der Überschrift „Methoden der Alkaloid- und Stickstoffbestimmung im Zusammenhang mit der Lupinenselektion".

[1] Es handelt sich um das Jahr 1927 und nicht um das Jahr 1926, wie in meiner Publikation „Bitterstoffarme Lupinen I" infolge eines Druckfehlers angegeben ist.

[2] v. SENGBUSCH, „Züchterisch brauchbare Alkaloidbestimmungsmethoden. Die Züchtung der ‚Süßlupine, und des nicotinfreien Tabaks". Unveröffentlicht. Hinterlegt bei der K. W. G. Berlin.

[3] v. SENGBUSCH, „Bitterstoffarme Lupinen I". Der Züchter II. Heft 1, 1930.

[4] v. SENGBUSCH, „Bitterstoffarme Lupinen II". Der Züchter III. Heft 4, 1931.

Auf Grund dieser Arbeiten wurde ich am 1. April 1928 am Kaiser-Wilhelm-Institut für Züchtungsforschung, das damals im Entstehen begriffen war, angestellt. Vorher hatte ich diese Untersuchungen als Volontär im Institut für Vererbungsforschung der landwirtschaftlichen Hochschule, Berlin-Dahlem, bearbeitet. In Müncheberg konnte ich nun mein Ziel mit verbesserten Hilfsmitteln noch intensiver verfolgen, da BAUR die Lupinenzüchtung als eine seinem Institut gemäße Aufgabe erkannt hatte, die er mit allen ihm erreichbaren Mitteln förderte.

Auch die Notgemeinschaft zur Förderung der deutschen Wissenschaften stellte mir für meine weiteren Arbeiten namhafte Mittel zur Verfügung.

Im Laufe der Sommer 1928 und 1929 wurden die Versuche wesentlich erweitert. Es glückte die Isolierung von praktisch alkaloidfreien Formen, den Stammpflanzen der neuen Süßlupinensorten: Lupinus luteus Stamm 8, 80 und 102; Lupinus angustifolius Stamm 411, 415 und 417.

Über die Methode der *Alkaloidbestimmung* soll hier nicht berichtet werden, eine Arbeit hierüber ist bei der Kaiser-Wilhelm-Gesellschaft hinterlegt und muß vorläufig als gegeben den folgenden Ausführungen zugrunde gelegt werden, da die Veröffentlichung meiner Arbeit („Züchterisch brauchbare Alkaloidbestimmungsmethoden; Die Züchtung der Süßlupinen und des nicotinfreien Tabaks") mit Rücksicht auf die privatwirtschaftliche Organisation der die Lupinen vertreibenden Gesellschaft bis zum Jahre 1940 unterbleiben muß. Neben der rein chemischen Seite der Methode erforderte aber die Züchtung der Süßlupinen eine ganze Reihe von interessanten neuartigen organisatorischen Maßnahmen, über die an dieser Stelle berichtet werden soll.

Nach Angaben in der Literatur gibt es keine spezifischen Alkaloidreagentien. Die meisten reagieren außer mit Alkaloiden auch mit Eiweißstoffen. Da der Alkaloidgehalt der Lupine außerordentlich hoch ist, bedeutete diese Tatsache eine wesentliche Komplikation. Ich suchte daher nach einer Testpflanze, die einen ähnlich hohen Eiweißgehalt, aber keinen Alkaloidgehalt hat, und fand diese Testpflanze in *Soja hispida*. Vergleichende Reaktionsstudien zwischen Soja und Lupinen führten mich auf den richtigen Weg.

Auch wenn man annimmt, daß es ganz alkaloidfreie Lupinen-Mutanten gibt, ist es unzweckmäßig, so zu arbeiten, daß man nur diese Typen finden kann. Ich wählte eine Methode, die zunächst einmal Aufschluß über die Möglichkeit einer Züchtung von alkaloidfreien Lupinen geben sollte.

Die Überlegungen waren folgende: Wenn es alkaloidfreie Mutanten gibt, so gibt es mit größter Wahrscheinlichkeit auch Übergänge, d. h. Mutanten mit mehr oder weniger reduziertem Alkaloidgehalt, und es ist anzunehmen, daß die Typen mit leicht reduziertem Alkaloidgehalt häufiger auftreten als die ganz alkaloidfreien. Nach den ersten nefelometrischen Versuchen zeigte es sich, daß die Methode als Massen- und Schnellmethode nicht eine quantitative im landläufigen Sinne sein konnte, sondern sie mußte nach Art der qualitativen eine Ja-Nein-Methode sein. Aber auch eine solche Ja-Nein-Methode läßt sich quantitativ ausbauen. Ein jedes Reagens hat eine Empfindlichkeitsgrenze, d. h. bei zu geringer Konzentration des nachzuweisenden Stoffes, tritt keine Reaktion ein. Man kann also durch Veränderung der Konzentration den Reaktionspunkt verschieben. Ich habe nun am Anfang den Reaktionspunkt bei den Einzeluntersuchungen auf den Alkaloidgehalt erst einmal grob eingestellt und nach Typen gesucht, die einen um etwa 50% verminderten Alkaloidgehalt aufwiesen. Nach und nach wurde dann der Reaktionspunkt immer tiefer gesetzt, bis zuletzt nur noch Typen erfaßt wurden, deren Alkaloidgehalt $^1/_{100}$ des Normalen beträgt.

Dieses *stufenweise* Vordringen muß die Grundlage solcher züchterischen Arbeiten sein. Auf diese Weise erkennt man ganz klar, bis zu welcher Grenze die Variationsbreite einer bestimmten Eigenschaft reicht. Sie verhindert, daß man durch Überschreiten dieser Grenze wertvolles Zuchtmaterial übersieht.

Die Stufenmethode gibt übrigens so die Möglichkeit, aus sehr vielen rein qualitativen Untersuchungsarten quantitative zu machen.

Zu Beginn betrug die Leistungsfähigkeit der Alkaloidbestimmungsmethode etwa 2—300 Einzelpflanzen pro Tag. Ein Erfolg war jedoch nur zu erwarten, wenn es gelang, die Methode so weit zu vereinfachen, daß man viele Tausend Einzelpflanzen täglich untersuchen konnte. Durch die technische Vereinfachung der Methode gelang es, bei Einzelkornuntersuchung die Leistungsfähigkeit auf 15000 Einzeluntersuchungen je Tag und Arbeitskraft zu steigern. Das dürfte das Maximum dessen sein, was überhaupt jemals von einer chemisch-züchterischen Methode erreicht worden ist.

Es gelang mit Hilfe meiner Methode, die Auffindung von praktisch alkaloidfreien Typen (Alkaloidgehalt 0,01—0,03%) bei Lupinus luteus, Lupinus angustifolius und Lupinus albus, wobei die alkaloidarmen Zwischenglieder jeweils nach Auffindung eines noch alkaloidärmeren ausgeschaltet wurden.

Insgesamt wurden im Laufe der letzten Jahre einige Millionen Einzelpflanzen von *Lupinus luteus*, *Lupinus angustifolius* und *Lupinus albus* auf ihren Alkaloidgehalt hin untersucht.

Im Jahre 1928 wurden die alkaloidfreien Stammpflanzen von *Lupinus luteus* 8, 80, 102, im Jahre 1929 die von *Lupinus angustifolius* 411, 415, 417 aufgefunden. Sie wurden 1929 und 1930 im Institut zu Müncheberg vermehrt, wobei es sich herausstellte, daß die Alkaloidfreiheit sich *rein* vererbt und daß keine unerwarteten Rückschläge eintreten. Es wurden die ersten Kreuzungen zwischen den verschiedenen Stämmen durchgeführt, um die Art der Vererbung des Alkaloidgehaltes zu klären. Im Laufe des Jahres 1931 war alles soweit gediehen, daß Prof. BAUR die Süßlupinen-Neuzüchtungen dem Deutschen Reich zur weiteren Vermehrung und Bearbeitung in Form eines Geschenkes anbot. Auf diese Weise sollte garantiert werden, daß die Lupine dem Bereich wirtschaftlicher Gewinnsucht entzogen und eine bestmögliche und schnelle Vermehrung sichergestellt wird.

Bei der Bedeutung des Eiweißproblems — und in Anbetracht der wichtigen Aufgabe, die der Lupine bei der Lösung dieses Problems zufällt, war das ein durchaus naheliegender und selbstverständlicher Schritt. Die damalige Regierung lehnte die Übernahme der Lupine ab. Daraufhin wurde der Verkauf, den Satzungen des Instituts entsprechend, öffentlich ausgeschrieben und die Lupine 1931 an die Saatgut-Erzeugungs-Gesellschaft verkauft.

Von der Saatgut-Erzeugungs-Gesellschaft sind die Süßlupinen weiter vermehrt worden. Die Gesellschaft übernahm 1931 insgesamt rund 50 kg Süßlupinensaatgut (etwa 49 kg *Lupinus luteus:* Stämme 8, 80, 102, und 1 kg *Lupinus angustifolius:* Stämme 411, 415, 417). Im Jahre 1932 betrug die Gesamternte an Süßlupinen etwa 400 dz; die Ernte 1933 wird auf etwa 4000—5000 dz geschätzt. Das ergibt durchschnittlich eine jährliche Vermehrung im Laufe der ersten 6 Jahre von 1 : 25, wobei allerdings zu berücksichtigen ist, daß in den ersten Jahren die Vermehrung wesentlich höher war, während sie bei den Großvermehrungen der letzten Jahre auf etwa 1 : 15 zurückgegangen ist.

Wenn man annimmt, daß in den nächsten Jahren mindestens eine durchschnittliche Vermehrung von 1 : 6 erzielt wird, so würde das bedeuten, daß 1935 30000 dz und 1936 180000 dz als Aussaat zur Verfügung stehen würden. Bei einer normalen Aussaatstärke von 160 kg je Hektar könnten 1936 rund 100000 ha bestellt werden, das wären etwa 60% der ganzen Lupinenanbaufläche. Ab 1937 stände soviel Saatgut von den Neuzüchtungen zur Verfügung, daß nicht nur der Gesamtsaatgutbedarf gedeckt werden kann, sondern auch noch ein Überschuß an Saatgut zur Vergrößerung der Lupinenanbaufläche zur Verfügung stehen würde. Für 1937 würde demnach die Süßlupinenernte etwa 900000 dz betragen. Diese Menge würde ausreichen, um die Lupinenanbaufläche 1937 auf den Stand von 1883 (450000 ha) zu erhöhen. Außerdem würde auch noch ein Teil zur Verfütterung zurückbleiben. Es ist damit zu rechnen, daß dann 1938 die wirtschaftlichen Vorteile des Süßlupinenanbaues zum ersten Male voll in Erscheinung treten werden.

Von der Auffindung des ersten Süßlupinenkornes bis zur volkswirtschaftlichen Auswirkung dieser Neuzüchtungen werden dann genau 10 Jahre vergangen sein.

Die Auslese einer süßen Lupine bedeutet nun nicht den Abschluß der Lupinenzüchtung. Hat doch die Süßlupine nur die Alkaloidfreiheit vor den normalen Ausgangsformen voraus.

Es gibt bei allen Lupinen noch eine ganze Reihe nachteiliger Eigenschaften, deren Beseitigung nötig und züchterisch möglich ist[1,2].

Hier ist zu nennen das Platzen der reifen Hülsen, das bei dem ungleichen Reifen aller Lupinenarten die großen Schwankungen der Lupinenerträge hervorruft.

Es muß daher eine systematische Auslese auf nichtplatzende Formen[3] durchgeführt werden. Ferner müssen die Reifezeit, die Gleichmäßigkeit der Reife, die Frostresistenz, die Widerstandsfähigkeit gegen Krankheiten, die Hartschaligkeit[4] und die Ertragshöhe in züchterische Bearbeitung genommen werden. Nach Isolierung von in den oben genannten Eigenschaften befriedigenden Typen kann man dann durch eine planmäßige Kombinationszüchtung *die* Lupine schaffen, die man als eine ideale *Eiweißkulturpflanze* wird bezeichnen können.

Eine solche Lupine, die sichere und hohe Erträge liefert und einen hohen Eiweißgehalt besitzt, wird Deutschland weitgehend von der Einfuhr von Eiweißfuttermitteln unabhängig machen können.

Die hier in kurzen Zügen geschilderte Arbeit wäre niemals möglich gewesen, wenn nicht Prof. BAUR sie mit allen ihm zur Verfügung stehenden Mitteln gefördert hätte. Wenn in verhältnismäßig so kurzer Zeit die Schaffung von Süßlupinen bei 3 Arten gelungen ist, so ist dies nicht zum kleinsten Teil dem unerschütterlichen Optimismus BAURS zu verdanken, der sich in der Erkenntnis der Wichtigkeit dieses Problems mit seiner ganzen Persönlichkeit für dessen Lösung einsetzte.

Es ist zu wünschen, daß auch die anderen, hier geschilderten, nicht weniger wichtigen Probleme der Lupinenzüchtung einen ebenso energischen und einsatzbereiten Förderer finden.

---

[1] v. SENGBUSCH, „Über Lupinenzüchtung im Kaiser-Wilhelm-Institut für Züchtungsforschung, Müncheberg i. d. Mark". Ztschr. für Züchtung. Bd. XV, Heft 3.

[2] v. SENGBUSCH, „Die Prüfung des Geschmackes und der Giftigkeit von Lupinen und anderen Leguminosen durch Tierversuche unter besonderer Berücksichtigung der züchterisch brauchbaren Methoden". Der Züchter. 1934. Heft 3.

[3] v. SENGBUSCH, „Die Züchtung von Lupinen mit nichtplatzenden Hülsen". Der Züchter. 6. Jahrg. 1934. Heft 1.

[4] v. SENGBUSCH, „Die Züchtung ‚weichschaliger' Lupinen (Lupinus luteus)". Der Züchter. 4. Jahrg. 1932. Heft 5.

Futterpflanzenzüchtung.

Von MAX UFER, Müncheberg

Die Arbeiten der Abteilung kleeartige Futterpflanzen und Gräser sind vor allem durch die Tatsache bestimmt, daß bis heute den Betrieben mit armen und ärmsten Böden genügend ertragreiche Dauerfutterpflanzen fehlen, die allein der Viehhaltung solcher Betriebe eine *stetige* Grundlage geben können.

Es lag aus diesem Grunde nahe, den wegen seiner völligen Anspruchslosigkeit an Boden und Klima fast überall als Unkraut an Bahndämmen und Schuttstellen verbreiteten Steinklee (*Melilotus*) in züchterische Bearbeitung zu nehmen. Die Vertreter der Gattung zeichnen sich vielfach durch große Massenwüchsigkeit und allgemein durch hohen Eiweißgehalt aus. Ihrer Einführung als Kulturpflanze stehen der Gehalt an Bitterstoff (Kumarin) und die Holzigkeit der Stengel entgegen. Deshalb wird versucht, einen kumarinarmen bzw. kumarinfreien Steinklee mit verhältnismäßig zartem Stengel und hohem Blattprozent zu züchten.

Für die Züchtung auf Kumarinarmut wurden sämtliche zugänglichen Melilotusarten herangezogen, besonders die verbreitetsten Arten *M. albus* und *M. officinalis* in zahlreichen Herkünften aus Europa, Asien, Nord- und Südamerika. Mit Hilfe von Bienen und auf künstlichem Wege wurden Varietätenkreuzungen hergestellt, die zur Vergrößerung des Auslesematerials dienten. Artkreuzungen der früheren Jahre blieben leider erfolglos, über die vielfachen Artkreuzungen des letzten Jahres, die zum Teil etwas Ansatz brachten, läßt sich jetzt noch nichts aussagen.

Seit 1930 konnten aus *albus* und *officinalis* eine Anzahl praktisch kumarinfreier bis kumarinarmer Stämme ausgelesen werden, die jedoch entweder nicht lebensfähig waren oder in späteren Generationen wieder einen stärkeren Kumaringehalt aufwiesen. Wir arbeiten deshalb heute in erster Linie mit einer anderen Art, *M. wolgicus*, bei der uns aus verschiedenen Gründen die Aussichten für die Herstellung einer kumarinarmen Rasse größer zu sein scheinen. Wir haben auch von dieser Art bereits eine Anzahl kumarinarmer Stämme, welche die Konstanz ihres geringen Kumaringehaltes erst durch mehrjährige Prüfung bewähren müssen. Daneben werden aus *albus* und *officinalis* Stämme mit relativ feinen Stengeln, hohem Blattprozent und mittlerem Kumaringehalt ausgelesen, die später evtl. in kumarinarme Rassen eingekreuzt werden sollen. Zur Durchführung dieser Züchtungsarbeiten, die in dankenswerter Weise von der Notgemeinschaft unterstützt werden, mußten die Befruchtungsverhältnisse der Melilotusarten geklärt und Untersuchungen über die Kreuzungstechnik ausgeführt werden.

Auch die *Luzerne* ist wegen ihres hohen Wertes und ihrer Formenmannigfaltigkeit unserem Ziel, der Schaffung von Futterpflanzen für arme Böden, dienstbar gemacht worden. Hinzu kommen bei ihr noch andere Aufgaben. Die Winterfestigkeit der Luzerne läßt bei uns allgemein und besonders im Osten zu wünschen übrig. Auch steht der Verbreitung in Deutschland die Unsicherheit der Samengewinnung entgegen. Der meiste Luzernesamen wird aus wärmeren Ländern eingeführt, denen unsere kalten, oft schneearmen Winter fehlen. Entsprechend sind die aus solchen Ländern stammenden Pflanzen wenig winterhart. Aus diesem Grunde rückt die Züchtung einer gut und relativ unabhängig von der Jahreswitterung samentragenden Luzerne in den Vordergrund. Den Anforderungen an Samenertrag und Winterfestigkeit entsprechen, wenn auch wenig einheitlich, bis zu beschränktem Grade die Bastardluzernen (in Deutschland z. B. fränkische, Thüringer, Eifler), doch lassen sie in der Wuchsform oft viel zu wünschen übrig. Demnach ist das Müncheberger Zuchtziel eine massenwüchsige, aufrechte, winterharte, anspruchslose Luzerne mit stetig gutem Samenertrag.

Als Material für die Züchtung dienen zahlreiche, im Sortiment gesammelte, europäische, asiatische, afrikanische und amerikanische Herkünfte von *Medicago sativa*, künstlich hergestellte Bastarde zwischen diesen, sowie zwischen *sativa* und *falcata*, *sativa* und *gaetula* und *falcata* und *gaetula*.

Die Bastarde werden unter Verwendung der Ramschmethode mit Auslese charakteristischer Typen in den ersten Generationen weiter gezogen. Als Grundlage für diese Züchtungsmethode dienen die umfangreichen Untersuchungen über die Blütenbiologie der Luzerne, nach denen *M. sativa* unter hiesigen Verhältnissen als hervorragender Selbstbefruchter anzusehen ist. Von auffallenden Individuen wurden rund 200 Klone hergestellt, die nach verschiedenen Richtungen bearbeitet werden (Massen- und Samenertrag, Winterfestigkeit, Eiweißgehalt).

Außer Steinklee und Luzerne werden noch eine Anzahl neu eingeführter Pflanzen auf ihre Bedeutung als Futterpflanzen für ganz leichte Böden untersucht. Ich nenne hier nur *Ulex*- und *Lespedeza*-Arten, die zur Zeit einer Eignungsprüfung unterzogen werden. Von Ulex z. B. gibt es stachellose Formen. Es kommt nur darauf an, sie auszulesen und mit einem guten Blattypus und gelegentlich vorkommenden winterharten Formen zu verbinden. Dann wäre eine neue Futterpflanze für reine Sandböden geschaffen, denn selbst der normale stachlige Ulex wird, durch Walzen zerquetscht, gern vom Vieh gefressen. Überhaupt bildet die Familie der Leguminosen noch ein ungeheures Reservoir von eiweißhaltigen Futterpflanzen für alle vorkommenden Boden- und Klimaverhältnisse. Es ist ein Verdienst BAURS, immer wieder darauf hingewiesen zu haben, und es wäre zu wünschen, daß sich Mittel fänden, um die von BAUR auf diesem Gebiete gegebenen Anregungen in größerem Umfange als bisher zur Durchführung zu bringen.

Bei dieser Einstellung mußte auch der Gräserzüchtung am Kaiser Wilhelm-Institut für Züchtungsforschung Aufmerksamkeit geschenkt werden. Bei den Erfolgen, die an anderen Orten (Bremen, Ostpreußen) mit der Bearbeitung älterer Kulturgräser erzielt worden sind, konnte es sich für uns nur darum handeln, bisher weniger beachtete Gräserarten zur Züchtungsarbeit heranzuziehen. Zu diesem Zwecke wurde auf leichtem Boden ein Gräsergarten angelegt, der schon etwa 80 Arten in verschiedenen Herkünften aus Europa, Nord- und Südamerika umfaßt und ständig erweitert werden soll. Auf Grund von Beobachtungen im Gräsergarten ist bereits mit der Bearbeitung von *Phalaris-*, *Elymus-* und *Bromus*-Arten begonnen worden. Das Ziel ist die Schaffung von Kulturgräsern mit guten Qualitätseigenschaften für leichten Boden.

Kartoffelzüchtung.

Von R. SCHICK, Müncheberg.

In Deutschland werden jährlich etwa 2,8 Millionen Hektar, d. h. etwa 14% der gesamten Ackerfläche oder etwa 10% der überhaupt landwirtschaftlich genutzten Fläche, mit Kartoffeln bestellt. Die Ernte von dieser Fläche betrug in den letzten Jahren 30—47 Millionen Tonnen Kartoffeln. Der Wert dieser Ernte ist etwa 1 Milliarde Reichsmark. Nach dem Roggen, der 22% der gesamten Ackerfläche oder 15% der überhaupt landwirtschaftlich genutzten Fläche einnimmt und eine Ernte von 6,5—8,5 Millionen Tonnen im Werte von 1,2 Milliarden RM. ergibt, ist die Kartoffel die wichtigste deutsche Kulturpflanze.

In den letzten Jahren hat die Unterbringung der Kartoffelernte — Speisekartoffeln, Viehfutter, Spiritusgewinnung, Stärke- und Flockenfabrikation — Schwierigkeiten gemacht. Es muß also eine Einschränkung des Kartoffelbaues erfolgen, um einmal die Überproduktion zu vermeiden und zum anderen um Flächen freizubekommen für den unbedingt notwendigen Anbau von Eiweiß-, Öl- und Futterpflanzen. Hat unter diesen Umständen Kartoffelzüchtung, d. h. die Schaffung besserer Kartoffelsorten überhaupt einen Sinn?

Die Ernte an Kartoffeln schwankte in den letzten Jahren zwischen 109 und 168 dz/ha. Die Anbauflächen müssen bei diesen Schwankungen so groß gehalten werden, daß auch bei einer schlechten Ernte der Ertrag für die Versorgung der deutschen Wirtschaft ausreicht. Bei einer guten Ernte sind dann die Anbauflächen zu groß, und wir haben bei der geringen Lagerfähigkeit der Kartoffel Schwierigkeiten, die Ernte nutzbringend zu verwerten.

Es muß also versucht werden, nicht so sehr die Erträge der Kartoffel zu steigern, als vielmehr die auftretenden Schäden in ausgesprochenen Mißjahren zu vermindern. Unter Berücksichtigung dieser Umstände ist die züchterische Verbesserung der Kartoffel nicht nur nicht überflüssig, sondern überhaupt die Voraussetzung für eine wesentliche Einschränkung der Anbaufläche.

Welche Faktoren bewirken nun diese großen Schwankungen in der Ernte? In trockenen Jahren treten Dürreschäden auf, in feuchten Jahren erfolgt frühzeitiges Absterben der Kartoffeln infolge Befalls mit *Phytophthora infestans*, dem Erreger der Krautfäule. Dazu kommen verschieden große Schäden infolge von Frühfrösten im Herbst.

In Müncheberg versuchen wir diese Ernteschwankungen durch die Züchtung *phytophthora*-widerstandsfähiger und frostwiderstandsfähiger Kartoffeln zu vermindern.

Die Versuche zur Züchtung *phytophthora*-widerstandsfähiger Kartoffeln sind bald 100 Jahre alt. Zunächst versuchte man durch Sämlingszuchten der Krankheit zu begegnen. Später begann man unter dem Einfluß des Darwinismus mit Kreuzungen von Kultursorten mit Wildformen. KLOTSCH arbeitete mit Bastarden von *Solanum demissum* und *Solanum tuberosum*, SUTTON mit *Solanum maglia* × *Solanum tuberosum*. SALAMAN mit *Solanum edinensex, Solanum tuberosum* und später auch mit *Solanum demissum* × *Solanum tuberosum*. Kurz vor dem Kriege begann BROILI in der Biologischen Reichsanstalt in Berlin-Dahlem ebenfalls mit Kreuzungen von südamerikanischen Wildformen und Kulturkartoffeln. Dieses Material übernahm dann später K. O. MÜLLER. Er fand unter den BROILIschen Stämmen phytophthorawiderstandsfähige und nach Ausarbeitung einer geeigneten Infektionsmethode konnte er zeigen, daß diese Widerstandsfähigkeit unabhängig von anderen praktisch wichtigen Eigenschaften vererbt wird. Die Schaffung phytophthorawiderstandsfähiger Sorten aus der Kombination dieser widerstandsfähigen Primitivformen, den sog. W-Rassen, und unseren Kultursorten schien also möglich. Es gelang auch, die privaten Züchter für diese Arbeiten zu interessieren, und besonders Dr. SCHMIDT (K. v. KAMEKEsche Saatzuchtwirtschaft Streckenthin) arbeitete mit sehr großem Material.

Die heute in Müncheberg bearbeiteten Stämme gehen zurück auf im Jahre 1927 von mir ausgeführte Kreuzungen von *Solanum demissum* und *Solanum tuberosum*. Im Rahmen sehr umfangreicher Speziesbastardierung sollte die Möglichkeit der Schaffung polyploider Kartoffeln geprüft werden. Diese Versuche sind bis heute ohne Erfolg geblieben. 1929 konnte ich feststellen, daß unter den F_2-Nachkommen dieser Kreuzung *phytophthora*widerstandsfähige Formen auftraten. Praktisch hatte diese Beobachtung damals wenig Bedeutung; waren doch die auf den MÜLLERschen W-Rassen aufgebauten Zuchten bereits so weit vorgeschritten, daß es keinen Sinn hatte zu versuchen, *phytophthora*-widerstandsfähige Kartoffeln aus diesen Kreuzungen mit *Solanum demissum*, einer unter unseren klimatischen Bedingungen kaum knollenbildenden Wildform, zu gewinnen.

Bis heute ist aber die Frage, ob aus Bastardierungen von Wildarten mit Kulturpflanzen wirklich wertvolle neue Kulturpflanzen geschaffen werden können, noch nicht entschieden. Es erschien mir daher lohnend, diese Frage einmal an Kartoffelbastarden zu verfolgen. Deshalb wurden diese Kreuzungen weiter bearbeitet, und es zeigte sich, daß man bei genügend großem Material schon in F_4 wieder Kulturkartoffeln ähnliche Formen erhält. 1932 gewannen diese *Demissum*-Bastarde dann plötzlich eine außerordentlich große praktische Bedeutung.

Im Frühherbst dieses Jahres wurde nämlich die seit vielen Jahren in künstlichen Infektionsversuchen geprüften, auf die MÜLLERschen W-Rassen zurückgehenden Stämme, die noch niemals von *Phytophthora* befallen worden waren, in Streckenthin plötzlich alle außerordentlich stark befallen. Ich konnte mit Hilfe meiner *Demissum*-Bastarde zeigen, daß dieser Befall durch eine neue physiologische Rasse der *Phytophthora infestans* hervorgerufen wurde. Das ganze, so hoffnungsvolle Material aus den MÜLLERschen W-Rassen war damit für die Züchtung *phytophthora*widerstandsfähiger Kartoffeln verloren. Dadurch stehen wir nun wieder am Anfang. Da unter den *Demissum*-Bastarden eine ganze Anzahl von auch gegen die *neue Phytophthora*-Rasse widerstandsfähigen Stämmen gefunden wurde, wird nun in großem Umfang mit diesem Material weitergearbeitet. Das Auftreten physiologischer Rassen hat allerdings die Aufgabe ungeheuer erschwert. Besteht doch kein Zweifel mehr, daß an den verschiedensten Stellen Deutschlands solche neuen, untereinander verschiedenen, sehr aggressiven Formen der *Phytophthora infestans* vorkommen und daß wir durch den Anbau der *Demissum*-Bastarde und der W-Rassen diese Formen selektionieren. Rechneten wir vor Auffindung dieser neuen Phytophthora-Rasse mit etwa 40—50% widerstandsfähiger Nachkommen in unseren Kreuzungen, so rechnen wir heute nur noch mit 5—10%. Das Zuchtmaterial muß also verzehnfacht werden. Neben dieser Erschwerung der züchterischen Arbeit bringt das Auftreten der neuen physiologischen Rassen aber eine Unzahl biologisch äußerst interessanter Probleme — ich nenne nur die Frage nach Entstehung und Verbreitung dieser neuen Formen, die für die ganze Epidemiologie sehr wichtige Aufschlüsse geben kann, und die Fragen der Genetik und Physiologie der Widerstandsfähigkeit. So ist hier ein neues großes Arbeitsgebiet entstanden, und es ist zu hoffen, daß durch die verständnisvolle Zusammenarbeit von Züchtern, Phytopathologen und Genetikern dieses wirtschaftlich so wichtige Problem doch noch erfolgreich gelöst wird. Der durchschnittliche Verlust von etwa 5% unserer Kartoffelernte, d. h. von jährlich etwa 50 Mill. RM., berechtigt zum Einsatz erheblicher Mittel.

Auch die Anfänge meiner Versuche zur Züchtung frostwiderstandsfähiger Kartoffeln gehen bis zum Jahre 1927 zurück. Damals begann ich auf Veranlassung von BAUR mit Kreuzungen von Wildarten mit Kulturkartoffeln. Wir hofften auf diese Weise frostresistente Formen zu erhalten. Ich arbeitete damals mit Bastarden von *Solanum demissum, S. chacoense, S. antipovichii, S. ajuscoense, S. edinense, S. commersonii* mit *S. tuberosum*. Von all diesen Arten ist nach meinen heutigen Erfahrungen nur *Solanum demissum* als Ausgangsform brauchbar.

Die meisten der obengenannten Arten stammen aus Mexiko. Die außerordentlich weite Verbreitung der Kartoffel und ihrer wilden Verwandten in ganz Südamerika, insbesondere in den Hochtälern der Anden, berechtigte zu der Hoffnung, daß in diesen Gebieten zahlreiche frostharte Formen vorkommen.

Um solche Formen zu suchen, wurde ich im Winter 1930/31 von BAUR nach Südamerika geschickt und sammelte, anfangs zusammen mit ihm, über 1000 kultivierte und nichtkultivierte Kartoffeln in Argentinien, Bolivien, Peru, Ecuador und Columbien. Vervollständigt wurde diese Sammlung durch Herrn KALT, der uns über 100 Kartoffelsorten der Insel Chiloé überließ. Es konnte kein Zweifel darüber bestehen, daß unter diesen Formen frostwiderstandsfähige vorkommen. Wird doch der Kartoffelbau in den Anden an den Grenzen des Ackerbaus überhaupt (etwa 4000 m ü. d. M.) getrieben. Ich selbst habe Felder gesehen, auf denen bis morgens um 10 Uhr Reif auf den Kartoffeln lag. Ein Teil der Wildformen geht noch höher hinauf, in Regionen, in denen es frostfreie Monate überhaupt nicht gibt.

In den letzten beiden Jahren habe ich nun in Müncheberg das gesammelte Material auf seine Frostwiderstandsfähigkeit geprüft. Diese Prüfung ergab, daß von den in unserer Sammlung vorhandenen Wildformen *Solanum acaule* die widerstandsfähigste (bis $-5°$) ist. Auch *Solanum demissum* (bis $-3°$) ist züchterisch wertvoll. Von den in Südamerika kultivierten Formen zeigen *Solanum ajanhuiri* und *Solanum curtilobum* etwa dieselbe Frostwiderstandsfähigkeit wie *Solanum demissum*[1]. Für die Züchtungsarbeit muß nun eine Laboratoriumsmethode ausgearbeitet werden, um in großem Maßstabe Selektion treiben zu können. Für diese Laboratoriumsmethode soll die im Freilandversuch ermittelte Frostwiderstandsfähigkeit der verschiedenen Arten als Kontrolle dienen. Aufgabe der nächsten Jahre ist es dann zu prüfen, ob sich die Frostwiderstandsfähigkeit mit den anderen wirtschaftlich notwendigen Eigenschaften kombinieren läßt. Diese Arbeiten werden zeigen, ob die von BAUR so lebhaft geförderte Züchtung frostwiderstandsfähiger Kartoffeln *möglich ist*.

Neben den beiden bisher geschilderten gibt es noch eine ganze Anzahl mehr oder weniger wichtiger Aufgaben für die Kartoffelzüchtung. In Müncheberg interessieren besonders die reichen Möglichkeiten, die in dem großen südamerikanischen Material liegen.

Alle unseren europäischen Kulturkartoffeln gehen auf ganz wenige, aus bestimmten Gebieten Südamerikas eingeführte Klone zurück. Es ist

[1] Die Frostwiderstandsfähigkeit dieser Formen wird bestätigt durch Angaben russischer Autoren. Ich habe dies auch selbst in diesem Herbst auf Moorflächen der Halbinsel Murman (63° nördl. Breite) beobachten können.

also anzunehmen, daß eine Anzahl von wertvollen Eigenschaften in den bisher zur Züchtung nicht benutzten südamerikanischen Klonen vorhanden ist. Umfangreiche Versuche sollen diese Frage klären. Neben diesen praktischen Fragen aber bietet das Material die Möglichkeit, manchen Beitrag zu der noch so wenig geklärten Phylogenie und Genetik unserer Kartoffeln zu liefern.

Rebenzüchtung.

Von B. HUSFELD und W. SCHERZ, Müncheberg.

ERWIN BAUR hat als erster bereits im Jahre 1914 einen systematischen Rebenzüchtungsplan aufgestellt und in Göttingen auf der Tagung der „Gesellschaft zur Förderung deutscher Pflanzenzucht" vorgetragen[1]. Schon damals hatte er den allein zum Ziele führenden Weg der Kombinationszüchtung richtig erkannt und vorgeschlagen. Ursprünglich hatte man geglaubt, bereits in der F_1-Generation aus Kreuzung zwischen pilzwiderstandsfähigen Amerikanerreben und in Ertragsgüte und -menge einwandfreien Europäerreben den idealen Kombinationstyp, den „Direktträger", zu finden. BAUR wies jedoch darauf hin, daß dies erst in der F_2-Generation möglich wäre. Allerdings forderte er schon damals, daß dieser Versuch in sehr großem Maßstabe durchgeführt werden müsse, um mit einer gewissen Wahrscheinlichkeit auf Erfolg rechnen zu können. Daher solle diese Züchtung nicht von einem Privatzüchter sondern lediglich vom Staat durchgeführt werden. Dieser damals von ERWIN BAUR zielsicher gewiesene Weg ist dann leider erst seit dem Jahre 1929 in ganz großem Ausmaße im Kaiser Wilhelm-Institut für Züchtungsforschung in Müncheberg/Mark auf Wunsch von BAUR durch HUSFELD beschritten worden, nachdem er seit 1926 rebenzüchterische Vorarbeiten und Versuche an der Lehr- und Forschungsanstalt für Wein-, Obst- und Gartenbau in Geisenheim a. Rh. ausgeführt hatte.

Drei Zuchtziele wurden aufgestellt:

1. *Die Erzeugung von krankheitswiderstandsfähigen Reben bzw. Edelreisern.*

Vom Edelreis muß neben Ertragsgüte und -menge der altbekannten Sorten der Art Vitis vinifera in erster Linie Widerstandsfähigkeit gefordert werden gegen die Plasmopara viticola, den Erreger des „falschen Mehltaues", gegen die Pseudopeziza tracheiphila, die den „Roten Brenner" hervorruft, und gegen die den „echten Mehltau" verursachende Uncinula necator. Ferner ist von Wichtigkeit, daß neue Reben aus epidemiologischen Gründen blattreblauswiderstandsfähig sind.

2. *Die Schaffung brauchbarer Unterlagen.*

An eine gute Unterlagsrebe müssen noch eine ganze Reihe anderer Ansprüche gestellt werden. Grundsätzlich muß sie gegen die Reblaus weitgehend widerstandsfähig sein. Weiter muß die Affinität zum Edelreis, also die Verträglichkeit mit diesem, gut sein; ebenso wichtig ist die Verträglichkeit mit dem Boden. Denn selbst auf schwierigen Weinbergsböden muß die Unterlagsrebe dem Edelreis Wasser und Nährstoffe im richtigen Verhältnis zuführen können. Außerdem soll sie im Hinblick auf gute Holzproduktion im Rebenmuttergarten widerstandsfähig gegen verschiedene Pilzkrankheiten sein, in erster Linie gegen die Plasmopara und den Roten Brenner.

3. *Die Herstellung von „Idealreben".*

Diese Reben sollen in Qualität und Quantität leistungsfähige Europäerreben einstmals ersetzen und darüber hinaus, auf eigener Wurzel stehend, widerstandsfähig gegen Reblaus und die wichtigsten pilzlichen Parasiten sein. Die Idealreben würden also im wesentlichen die Eigenschaften der beiden erstangeführten Zuchtziele vereinigen. Sie sind selbstverständlich züchterisch schwerer herzustellen. Aus dieser Erkenntnis heraus wurde die Züchtung der unter 1. und 2. genannten Reben zuerst aufgenommen, weil diese Reben von den Winzern dringend gewünscht wurden und gleichzeitig Etappen auf dem Wege zur Züchtung der Idealreben darstellen.

Diese drei Zuchtziele wurden also seit Beginn der Müncheberger Rebenzüchtungsarbeiten verfolgt und der Weg zu ihnen im Laufe der Zeit immer mehr ausgebaut und vervollkommnet. Die vegetative Züchtung (Klonen-Auslese) von Europäerreben dagegen rechneten wir von Anfang an nicht zu unserem Arbeitsgebiet.

An Hand eines Beispieles sei das von uns angewandte Züchtungsverfahren näher erläutert. Da F_1-Bastarde zwischen deutschen Sorten der Spezies Vitis vinifera und amerikanischen wilden Rebarten bisher noch nicht in genügendem Maße vegetativ vermehrt waren, wurde zunächst auf bestimmte Franko-Amerikaner, d. h. F_1-Kreuzungen zwischen französischen und amerikanischen Reben, zurückgegriffen, wie sie heute im deutschen Weinbaugebiet als Unterlagsreben oder als Direktträger verwandt werden. Es kommt darauf an, Samen solcher F_1-Spezies-Bastarde in möglichst großer Menge zu erhalten, um das Ausgangssämlingsmaterial für alle drei vorgenannten Zuchtziele zu haben. Auf Grund dieser Erwägungen und im Laufe einiger Vorprüfungen erwies sich für diese Zwecke als besonders geeignet die Sorte „Riparia × Gamay 595 Oberlin", eine zwitterige Rebe, deren Blüten bereits beim Abwerfen der Blumenkrone selbstbestäubt sind. Rebkerne dieser Sorte haben wir in jedem Jahre in Form von Trestern oder Trauben in ganz

[1] BAUR, E.: Einige Aufgaben der Rebenzüchtung im Lichte der Vererbungswissenschaft. Beiträge zur Pflanzenzucht, Heft 5, 1922, S. 104—110.

großem Maßstabe bezogen. Die von den Beerenrückständen befreiten Samen werden in Spezialgewächshäusern ausgesät. Nachdem das erste Laubblatt der Rebensämlinge erschienen ist und eine gewisse Größe erreicht hat, findet die künstliche Infektion mit der Plasmopara viticola statt. Es ist unser Bestreben, dem Erreger von diesem Augenblick an möglichst optimale Bedingungen zu geben. Der Rebensämling dagegen darf niemals die Oberhand über den Parasiten bekommen. Gerade hierin arbeitet das von HUSFELD[1] angeregte Müncheberger Ausleseverfahren mit einem viel größeren Maß von Sicherheit, als es bei anderenorts durchgeführten Selektionen auf Plasmopara-Anfälligkeit der Fall ist. Während beispielsweise noch nicht 25% der F_2-Sämlinge aus der Sorte Riparia × Gamay 595 Oberlin in Müncheberg nach der Plasmopara-Infektion übrigbleiben, bzw. als widerstandsfähig zur Aufschulung kommen, sieht KOBEL, Wädenswil (Schweiz)[2] von den Nachkommen der gleichen Sorte 40,5% als genügend widerstandsfähig und 41,1% als „ordentlich" an. Es genügen also annähernd 82% der Nachkommenschaft seinen Ansprüchen. Der Grund hierfür liegt darin, daß er sein F_2-Material erst als ältere Reben im Freiland der natürlichen zufälligen Infektion überläßt. Die Gefahr, daß ein so geprüftes Material in einem sog. „Plasmopara-Jahr" versagt und den Züchter und Winzer unangenehm überrascht, ist selbstverständlich groß.

Nach dem hiesigen Plasmopara-Prüfungs verfahren kommen zur Zeit bei mehrmaliger Aussaat etwa 5—7 Millionen Sämlinge jährlich zur Bearbeitung. Die stark- bis mittelanfälligen Individuen werden durch den Pilz sehr geschädigt, so daß sie nach kurzer Zeit absterben, während die mehr oder weniger widerstandsfähigen die Tendenz zur Ausheilung und Abgrenzung des Erregers durch Bildung größerer oder kleinerer brauner Flecken auf den Blättern zeigen. Nur diese letztgenannte Kategorie mit sog. „Punkt"- oder schwachem „Mosaik"-Befall wird dann in einem Handausleseverfahren übrig behalten und in Frühbeetkästen pikiert, wo sie im Laufe der gleichen Vegetationsperiode sicherheitshalber noch einer mehrfachen Nachprüfung auf Plasmopara-Widerstandsfähigkeit unterzogen wird.

Außer der F_2 der Sorte Riparia × Gamay 595 Oberlin wurden auf diese Weise noch einige 100 andere Amerikaner × Europäer-F_2-Generationen auf Plasmopara-Widerstandsfähigkeit geprüft. Der größte Teil von ihnen fällt durch einen viel zu geringen Hundertsatz widerstandsfähiger Individuen praktisch aus. Seit Beginn der Züchtungsarbeit in Müncheberg konnten etwa 40000 plasmoparawiderstandsfähige Reben hergestellt werden. Die aus der Plasmopara-Prüfung hervorgegangenen widerstandsfähigen Sämlinge werden danach einer Reblausvorprüfung unterzogen. Fast gleichzeitig wird möglichst noch in der gleichen Vegetationsperiode die Oidiumselektion und die Auslese auf Widerstandsfähigkeit gegen den Roten Brenner eingeschaltet. Der Rest der auf diese Weise sehr widerstandsfähigen Reben wird in Müncheberg bis zur Ertragsreife aufgeschult und vegetativ vermehrt. Dann wird dieses Material einer Reblaushauptprüfung in der Zweigstelle der Biologischen Reichsanstalt in Naumburg/Saale sowie einer Prüfung auf Weinbergseignung im Weinbaugebiet unterzogen. Es ist selbstverständlich, daß zur Durchführung dieses Planes mit dem Endziel einer genügenden Anzahl vollbefriedigender Edel-, Unterlags- und „Ideal-Reben" ein ungeheuer großes Material verarbeitet werden muß. Durch große Blockpflanzungen in geeigneter Gegend soll von bestimmten F_1-Sorten zur Samenerzeugung das Traubenmaterial genommen werden. Bei der langen Entwicklungszeit der Rebe — es verstreichen vom Aufgehen des Sämlings bis zur Blühreife durchschnittlich 5—6 Jahre — ist es vorerst unzweckmäßig, das Gesamtmaterial an Sämlingen in Selektionsgruppen aufzuteilen, auf diese Weise getrennt nur jeweils auf einen Erreger hin zu selektieren und dann beispielsweise eine neue Kombinationszüchtung von plasmoparawiderstandsfähigen mit reblausresistenten Formen durchzuführen. Unser Weinbau kann sich den damit verbundenen Zeitverlust nicht leisten, weil er dringend die Neuzüchtungen benötigt.

Noch auf eine andere Frage sei eingegangen. Es besteht heute verschiedentlich noch die Ansicht, man dürfe nicht Samen aus Selbstungen zwitteriger F_1-Bastarde zur Aussaat benutzen, weil dann Inzuchtschäden bei den F_2-Rebensämlingen auftreten. Wir teilen diese Auffassung nicht, weil man bei der ersten Inzuchtgeneration (= F_2) überhaupt von nennenswerten Inzuchtwirkungen nicht sprechen kann, ganz abgesehen davon, daß bei autogamen Rebensorten die Fragestellung an sich schon abwegig ist.

Weiter ist nur bei Selbstung zwittriger F_1-Bastarde in der F_2 die bunte Aufspaltung mit all' den vielen Typen zu finden, die wir für unser Ausleseverfahren unbedingt benötigen. Das Herausspalten von Zwergen und anderen unerwünschten Typen ist keine Entartungserscheinung, sondern erklärt sich lediglich durch das Homozygotwerden rezessiver Faktoren. Wir sehen in dem Erscheinen solcher Formen lediglich einen besonderen Beweis für die weitgehend heterozygote Struktur des Rebenbastards, durch die schließlich die große Anzahl der möglichen Neukombinationen bedingt wird.

Wir sehen ferner nur bei Benutzung zwitteriger F_1-Formen eine Möglichkeit, die erwünschte große Menge von Samenkernen zu erhalten. Denn zur Herauszüchtung von Edel- und Idealreben, die ja zwitterig sein müssen, ist die Verwendung diözischer Eltern unangebracht, so sehr sie auch an sich

[1] HUSFELD, B.: Über die Züchtung plasmoparawiderstandsfähiger Reben. Gartenbauwissenschaft, 7. Jahrg. 1932, H. 1, S. 15—92.

[2] KOBEL, F.: Die Aussichten der Immunitätszüchtung bei der Rebe. Landwirtschaftliches Jahrbuch der Schweiz, 47, S. 248—271 (1933).

durch den Fortfall der Kastrationsnotwendigkeit im Falle geplanter Kreuzungen geeignet erscheinen könnte.

Bisher mußten wir vorläufig noch, wie eingangs erwähnt, für unsere Züchtungen Hybriden verwenden, deren europäische Eltern französischer Herkunft sind. Eigene Kreuzungen von deutschen Edelreben × Amerikanerreben gelangen demnächst zur züchterischen Auswertung. Die Variationsbreite der F_2 einer der Franko-Amerikaner ist außerordentlich groß, und daher besteht die Möglichkeit, auch aus solcher Population genügend für deutsche Verhältnisse brauchbare Typen zu selektionieren. Da ferner die rote Beerenfarbe der Amerikanertrauben über weiße Beerenfarbe bei der Europäerrebe dominant ist, ist auch die Möglichkeit des Herausspaltens weißbeeriger Formen gegeben. Der Wichtigkeit der Verwendung einheimischer deutscher Reben bei der Kreuzung mit Amerikanerreben ist von HUSFELD Rechnung getragen, indem seinerzeit eine größere Anzahl genannter Kreuzungen hergestellt worden sind. Diese neuen F_1-Kreuzungen sind in Müncheberg aufgeschult. Sie sollen später nach entsprechender Vorprüfung zur Herstellung von F_2-Generationen dienen und die bisher benutzten Hybriden ersetzen.

Außer den bisher erwähnten unmittelbar praktischen Zielen dienenden Zuchtarbeiten sind in Müncheberg einige größere F_2-Generationen ohne Selektion auf Widerstandsfähigkeit gegen die verschiedenen Parasiten aufgeschult worden. Wenn wir es auch im allgemeinen nicht als unsere Aufgabe betrachten, rein genetische Untersuchungen an Reben anzustellen, für die andere Versuchsobjekte (Löwenmäulchen, Mais, Taufliege usw.) zweifellos geeigneter sind, so sind doch solche Untersuchungen in Sonderfällen erwünscht, z. B. um nachzuprüfen, welche Eigenschaften überhaupt bei dem F_2-Material herausmendeln. Interessant war zu beobachten, daß in einer aus Selbstung der Sorte Mourvèdre × Rupestris 1202 entstandenen F_2 von 6117 Reben 903 Individuen, also 14,8%, bereits im 4. Laub mit dem Blühen begonnen haben. Ferner konnte SCHERZ an dem genannten Material Beobachtungen über die Geschlechtsverteilung in der F_2 anstellen. Die genaue Beobachtung und Registrierung der verschiedenen Typen von Sämlingen, die bereits in den Aussaatkästen der verschiedenen Sortenherkünfte auftreten, bilden, unterstützt durch eine Herbarsammlung und photographisch aufgenommene Saatbilder, ein wichtiges Hilfsmittel für ampelographische Arbeiten. In diesem Zusammenhang sei erwähnt, daß bereits seit einer Reihe von Jahren mit der Lehr- und Forschungsanstalt in Geisenheim a. Rh. zur ampelographischen Kontrolle der Reben-Sortimente Beobachtungsergebnisse ausgetauscht werden.

Zum Schluß sei kurz die Frage beleuchtet, warum gerade das Müncheberger Gelände zu derartigen Rebenzüchtungsarbeiten benutzt worden ist. BAUR[1] ging in einem Vortrage (gehalten vor dem Sonderausschuß für Rebenzüchtung der Deutschen Landwirtschaftsgesellschaft am 1. Febr. 1933) auf sie wie folgt ein:

„Es ist völlig verkehrt, derartige, im großen durchzuführende Selektionsarbeiten in teures Weinbergsgelände zu legen. Auch wenn schon von den Sämlingen sowohl in der Direktträger- wie in der Unterlagenzüchtung in den ersten Wochen durch die Peronosporaprüfung die übergroße Mehrzahl ausgeschaltet wird, so bleibt doch noch ein sehr großes Auslesematerial für die weitere Prüfung übrig. Wenn nicht von vornherein mit einem Material von wenigstens etwa 20000 mehltauimmunen Rebstöcken je Jahr gearbeitet wird, ist die Wahrscheinlichkeit, einige wirklich hochwertige Direktträger und auch Unterlagsreben zu finden, nur sehr klein. Wenn man aber 20000 Rebstöcke je Jahr in guter Weinbaulage für Selektionszwecke anpflanzt, so ergibt das bei durchschnittlich fünfjähriger Beobachtung des einzelnen Stockes eine Gesamtversuchsfläche von 100000 Rebstöcken, und das würde im Weinbaugebiet Unsummen allein an Pacht für das Land kosten. Diese Vorselektion läßt sich mit einem ganz geringen Bruchteil der Kosten durchführen, wenn man sie auf billigen leichten Ackerboden verlegt, wo noch dazu die Pflege der Felder sehr viel weniger Arbeit und Geld kostet.

Ferner ist ja ohnehin unbedingt notwendig, daß vor der Prüfung im eigentlichen Weinbaugebiet ein Anbau in klimatisch *ungünstiger* Lage erfolgt. Wir brauchen *ertragssichere* Reben, müssen also Sorten züchten, die auch in einem schlechten Jahre leidliche Erträge liefern. Dieses Zuchtziel bedingt aber, wie jeder Pflanzenzüchter weiß, daß wir die Selektionen unter klimatischen Bedingungen vornehmen müssen, die *besonders* ungünstig sind — wenn wir auf Weizen züchten wollen, die für Mitteldeutschland absolut frostsicher sind, so legen wir die Prüfung und die Selektion nach Ostdeutschland in Gebiete mit besonders großer Auswinterungsgefahr. Genau ebenso prüfen wir Reben auf sichere Reife des Holzes und sichere Reife der Beeren am zweckmäßigsten im Osten und nicht im Westen Deutschlands. Was im Osten noch gerade eben durchhält, ist für den Westen gerade das, was wir brauchen."

ERWIN BAUR hat den Fortgang der auf seine Veranlassung aufgenommenen Müncheberger Rebenzüchtungsarbeiten stets mit ganz besonders großem Interesse verfolgt. In dem eben erwähnten Vortrage setzte er sich noch einmal für seine Ziele ein, indem er besonders betont sagte: „Selbstverständlich ist dies alles eine Arbeit auf lange Sicht und kostet Geduld; aber hätten wir, wie ich damals vorgeschlagen habe (Göttinger Vortrag 1914, s. o.), vor 19 Jahren mit diesen Arbeiten

[1] BAUR, E.: Der heutige Stand der Rebenzüchtung in Deutschland. „Der Züchter", 5. Jahrg. 1933, H. 4, S. 73—77.

angefangen, statt erst vor drei, dann hätten wir heute wahrscheinlich den gewünschten mehltauimmunen Direktträger bereits im großen im Weinbau stehen!" ERWIN BAUR hat dieses von ihm so sehr erstrebte Ziel leider nicht mehr erleben dürfen. Die Aufgabe seiner Mitarbeiter wird es nun sein, die Rebenzüchtungsarbeiten in seinem Sinne bis zur Erreichung der gesteckten drei Zuchtziele fortzuführen, um dem deutschen Weinbau beim Wiederaufbau zu helfen.

Sonderdruck aus Die Naturwissenschaften 1934. 22. Jahrg.
Heft 29, S. 490/91; Heft 30, S. 501/04; Heft 33, S. 557/59; Heft 38, S. 646/47; Heft 49, S. 819/21; Heft 50, S. 836/37; Heft 51, S. 851/54.
(Verlag von Julius Springer, Berlin W 9)

Fragen zur Forstpflanzungszüchtung.

Von WOLFGANG V. WETTSTEIN-WESTERSHEIM, Müncheberg.

Die innerdeutsche Holzerzeugung konnte mit der industriellen Entwicklung nicht Schritt halten. Schon im 17. und 18. Jahrhundert war die Zufuhr aus waldreichen Gegenden notwendig, um den wachsenden Bedarf der Industrie zu decken. Seit 1864 wurde das deutsche Reichsgebiet Holzeinfuhrland, wobei die jährlichen Mengen zwischen 2 und 5 Millionen cbm schwankten. Vor etwa 150 Jahren haben tatkräftige Männer an der Organisation und an waldbaulichen Maßnahmen bahnbrechend gewirkt, und vielleicht das beste Zeugnis für die ausgezeichneten Erfolge sind Berufungen deutscher Forstfachleute nach den englischen Kolonien, besonders nach Indien. Am Anfang des 20. Jahrhunderts beschäftigten sich eine Reihe von Wissenschaftlern, wie CIESLAR, ENGLER, SCHOTT, mit Herkunftsfragen, die den Ausschlag gaben für den 1924 gegründeten Hauptausschuß für forstliche Saatgutanerkennung. Dieser Hauptausschuß leistet beste Arbeit in bezug auf Beschaffung von Saatgut, und es sind von ihm gegen 700000 ha Waldbestände anerkannt worden. Leider machte aber diese Spitzenorganisation hier halt und zog nicht die weiteren Konsequenzen, auch die Züchtung mit in ihren Aufgabenkreis aufzunehmen. Hier zeigte sich der Weitblick und die Tatkraft ERWIN BAURS, der im Februar 1932 eine Arbeitsgemeinschaft für Forstpflanzenzüchtung ins Leben rief. Diese Arbeitsgemeinschaft sollte alle Gebiete Deutschlands umfassen und möglichst viele Holzarten in züchterische Bearbeitung nehmen. Es ist hier nicht der Platz, über all die großen Schwierigkeiten, die teils überwunden wurden, teils sich immer neu auftürmten, zu sprechen, sondern es soll versucht werden, in wenigen Worten die Absichten aufzuzeichnen, die dieser Arbeitsgemeinschaft zufallen.

Die Forstwirtschaft ist vollkommen von dem Gedanken der Klimarassen befangen. Viele führende Personen glauben, durch die Axt die genügende Selektion durchzuführen, da sie der Meinung sind, daß durch den fortwährenden Aushieb der schlechten Stämme zum Schluß der Umtriebszeit die besten Bäume übrigbleiben, die dann als Saatgutlieferanten für eine gute Nachkommenschaft bürgen. Sie wollen keinen Vergleich zur landwirtschaftlichen Pflanzenzüchtung zugeben. BAURS Verdienst ist es u. a., immer wieder darauf verwiesen zu haben, daß dieser Gedankengang einseitig ist. Die Klimarassen sind nur eine grobe Einteilung. Sie sind etwa den Herkünften bei landwirtschaftlichen Kulturpflanzen (Luzerne) gleichzusetzen. Sie stellen daher ein stark heterozygotes Gemisch dar, aus dem zweifelsohne durch Auslese noch viel Wertvolles gewonnen werden kann. Wir wissen heute, daß bei der Kiefer für Mitteldeutschland die östlichen Herkünfte besseren Nachwuchs sichern als westliche Herkünfte. Die Kenntnis von dem verschiedenen Wert klimatischer Herkünfte machen aber keineswegs eine Züchtung überflüssig. Durch die Durchforstung können zwar die phänotypisch schlechten entfernt werden; ob damit auch die schlechten Genotypen erfaßt werden, muß stark bezweifelt werden. Phänotypen und Genotypen decken sich nicht immer. Der Erbwert, der Genotyp eines Baumes, kann nur durch seine Nachkommenschaft im vergleichenden Anbau geprüft werden. Die Saatgutanerkennung sollte eigentlich erst zur vollen Entfaltung ihrer Tätigkeit hier einsetzen. Der Hinweis BAURS auf diesen logischen Weiterausbau wurde leider immer wieder aus finanziellen Gründen abgelehnt.

Der Plan einer Forstzüchtung, der für jede Holzart im großen und ganzen der gleiche ist, ist kurz folgender: Es werden eine große Anzahl von Bäumen ausgewählt, die dem idealen Zuchtziel nahekommen, ihr Samen getrennt ausgesät und die Nachkommenschaft verglichen. Es werden sich naturgemäß ähnlich den Vergleichen verschiedener Herkünfte auch unter den Einzelnachkommenschaften Unterschiede finden. Die besten von ihnen werden behalten und so eine Elite herangezogen, die eine Verbesserung der Qualität unserer Holzgewächse erwarten läßt. Es muß hier darauf hingewiesen werden, daß schon von anderen Forschern derartige Versuche mit Erfolg in Angriff genommen wurden, wie die Versuchsflächen von v. LOCHOW in Petkus oder von MÜNCH in Tharandt veranschaulichen.

Im Kaiser Wilhelm-Institut für Züchtungsforschung wurde auf BAURS Veranlassung die Züchtung von ***Pinus silvestris***, ***Populus*** und ***Salix*** begonnen. Die ersten Pflanzungen von Kiefern 1930, die über Vermittelung von Forstmeister SEITZ angelegt wurden und ursprünglich dessen Einteilung in Schuppen- und Plattenkiefernrassen klären sollten, zeigten im darauffolgenden Jahre einen sehr starken Schüttebefall. Nur eine Nachkommenschaft, Nr. 16, war kaum befallen und behielt diese Krankheitswiderstandsfähigkeit alle weiteren Jahre. Dieses Ergebnis gab sogleich die Veranlassung, die Problemstellung zu erweitern und das Zuchtziel einer schüttewiderstandsfähigen

Kiefer aufzustellen. Leider sind diese Versuche nur in kleinstem Umfange durchführbar gewesen. Die Samen des Stammes Nr. 16 waren von einem gefällten Baume gesammelt worden, so daß keine Nachprüfung möglich war und erst eine andere derartige Stammpflanze gesucht werden mußte. Vielleicht ist es im Rahmen der Arbeitsgemeinschaft möglich, hier bahnbrechend zu wirken.

Populus, deren weiches Holz für die Sperrholz-, Holzdraht-, Zündholz- und Zelluloseindustrie wertvolles Material liefert, ist im Deutschen Reich in sehr geringen Mengen zu haben, und Millionen Kubikmeter müssen jährlich eingeführt werden. Es geht Volksvermögen verloren, das der Forstwirtschaft anderer Länder zugute kommt. Zur Ausfüllung dieser Lücke ist seit 1930 die Züchtung dieser Holzart aufgenommen worden. Neben Sämlingsaufzucht und Nachkommenschaftsprüfung konnte hier mit Erfolg auch Kombinationszüchtung einsetzen. Die Erscheinung des Luxurierens gewisser Bastarde konnte auch bei den Pappeln beobachtet und mit Erfolg für die Züchtung ausgewertet werden. 1932 zeigten einzelne Bastardpflanzen hervorragende Wüchsigkeit, und ein großer Vergleich reziproker Bastarde von *Populus alba* und *P. tremula* ergab die Wichtigkeit des Suchens nach besonders günstigen Kombinationen. So lassen z. B. 2- und 3jährige Pflanzen einen weiten Vorsprung der Kombination *alba* × *tremula* gegenüber *tremula* × *alba* erkennen. Da eine derartige Kombinationszüchtung sich als sehr aussichtsreich erwiesen hat, wird an ihrem weiteren Ausbau gearbeitet.

In dem waldreichen Amerika, wo die Papierfabriken nach Abholzung großer Flächen ständig ihre Fabriken wieder in waldreiche Gegenden versetzen müssen, hat man die große praktische Bedeutung erkannt, die in der Wiederaufforstung von besonders frohwüchsigen Pappelbastarden liegt. So hat 1927 eine Papierfabrik eine derartige Pappelzüchtung finanziert, deren Erfolge gerade in diesem Jahre (1933) schon zutage treten.

Die Züchtung von *Salix* verfolgt den Zweck, die früher so blühende und jetzt unter schwerer ausländischer Konkurrenz leidende Weidenkultur wieder zu heben. Es fehlt in Deutschland vor allem eine raschwüchsige, gleichmäßig gewachsene, anspruchslose Schälweide und eine Bindeweide für den Obst- und Weinbau; auch auf den Nutzen von Kätzchenweiden sei hingewiesen. In den letzten Jahren kam noch der Wunsch hinzu, das Abfallprodukt der Schälweide, die Rinde, durch Auslese auf höheren Gerbstoffgehalt industriell verwertbar zu machen. Salixgerbe ist für die Erzeugung von Juchtenleder erforderlich und wird heute aus Rußland eingeführt. Ein kleiner Erfolg ist bereits in der Züchtung von Bindeweiden erreicht worden, und die ersten Vermehrungen der besten Pflanzen wurden 1933 gemacht.

Während man sich in Deutschland über die Zweckmäßigkeit einer Züchtung überhaupt streitet, hat man im Ausland züchterische Arbeiten an Forstpflanzen mit größter Energie in Angriff genommen. So tauschte der tapfere Vorkämpfer in der Freien Stadt Danzig, Forstrat NICOLAI, bereits 1933 mit 14 Staaten, außer mit Deutschland, Saatgut aus. Sein Ausspruch: „Nicht ob wir mit Forstpflanzen züchten sollen, steht heute zur Besprechung, sondern nur noch, wie wir züchten sollen", hat für uns die allergrößte Berechtigung.

Obstzüchtung.

Von C. F. RUDLOFF, Müncheberg.

Wenn ERWIN BAUR auch die obstzüchterischen Arbeiten in sein „Müncheberger Programm" mit hineingenommen hat, so geschah dieses einmal, weil er die Bedeutung des Obstbaues kannte, und zum anderen aber auch, weil er wußte, daß einer planvollen und zielsicheren Forschung und Züchtung an unseren Obstgehölzen nahezu alles zu tun übriggeblieben war. In seiner Heimat, dem mit Obst gesegneten Land Baden, hatte er den Obstbau aus eigener Anschauung kennengelernt. Diese Tatsache ist für seine Einstellung den obstbaulichen, vor allem aber den obstzüchterischen Problemen gegenüber von ausschlaggebender Bedeutung geworden. Sein genetisch und züchterisch so ungewöhnlich klar schauender Blick, die sichere Erfassung der Möglichkeiten, verbunden mit einer ebenso sicheren Erkennung des Wesentlichen, gaben ihm die Gewißheit, daß dem um seine Existenz schwer ringenden deutschen Obstbau durch eine zielsichere Züchtung weitgehend geholfen werden kann.

Die ersten Kreuzungsversuche an Obstgehölzen, mit dem Ziel, eine moderne deutsche Obstzüchtung in die Wege zu leiten, hat ERWIN BAUR schon in den 20er Jahren am Institut für Vererbungsforschung und auf seinem Gut Brigittenhof durchgeführt. 1921 spricht er bereits in einer Sitzung der Obst- und Weinbau-Abteilung der D. L. G. über das Thema „Neuere Wege in der Obstzüchtung"[1]. In großen Zügen zeigt er hier einige Perspektiven, die sich einer modernen Obstzüchtung eröffnen.

Daß der Erfolg auch bei obstzüchterischen Arbeiten von der Anzucht großer Sämlingsmengen weitgehend abhängig ist, haben ihn seine reichen genetischen und züchterischen Erfahrungen gelehrt. Die Voraussetzungen hierfür mußten erst geschaffen werden. Mit der Errichtung des Kaiser Wilhelm-Instituts für Züchtungsforschung waren sie dann gegeben, und im Jahre 1928 konnte hier auch mit dem Aufbau einer Obstabteilung begonnen werden.

[1] Mitt. Dtsch. Landw. Ges. **1921**, 52.

I.

Wenn nun an dieser Stelle über die Arbeiten der Obstabteilung berichtet werden soll, so kann das nur in größeren Zügen geschehen. Es scheint mir zweckmäßiger zu sein, die großen Linien dieses Arbeitsgebietes programmatisch zu skizzieren und die Arbeitsmethoden anzudeuten, als eines der vielen Teilgebiete herauszugreifen und die hier bereits gewonnenen Erfahrungen mitzuteilen. Zu diesem Zweck sind zunächst einige grundsätzliche Erwägungen vorauszuschicken.

Die Bedeutung des Obstbaues im Rahmen des deutschen Nährstandes ergibt sich aus folgenden Tatsachen: Der Wert des Gesamtverbrauches an Obst und Obstprodukten in Deutschland beläuft sich unter normalen Verhältnissen auf etwa $^3/_4$ Milliarde RM. jährlich. Der Verbrauch läßt sich zweifellos bei einer Steigerung der Kaufkraft noch wesentlich erhöhen. An der Befriedigung des Bedürfnisses an Obst ist das Ausland, in den einzelnen Jahren wechselnd, mit etwa 300—500 Millionen RM. beteiligt. Wenn auch bei dieser starken Einfuhr die Südfrüchte an erster Stelle stehen (1928 = 318,9, 1929 = 244,2, 1930 = 255,2, 1931 = 211,8 und 1932 = 160,5 Millionen RM.), so ist doch die Überschwemmung des deutschen Marktes mit solchem Obst und Obstprodukten, die im eigenen Lande erzeugt werden könnten, nicht minder erschreckend hoch (1928 = 165,7, 1929 = 211,9, 1930 = 202,9, 1931 = 162,9 und 1932 = 125,4 Millionen RM.)[1]. An Frischäpfeln wurden 1930 allein für 74,3 Millionen RM. eingeführt. Daß diese starke Einfuhr die deutsche Obsterzeugung stark schädigt, ist erwiesen. In manchen Jahren wurde sie nahezu erdrückt. Dabei ist zu beachten, daß die deutsche Obsterzeugung vorwiegend von kleineren und mittleren bodenständigen Betrieben getragen wird.

Die Ursachen für die starke Überschwemmung des deutschen Obstmarktes mit ausländischem Obst sind weitgehend im deutschen Obstbau selbst zu suchen. Er ist mindestens 50 Jahre in seiner Entwicklung stehen geblieben, weil ihm eine weitschauende und zielsichere Führung fehlte. Erfreulicherweise beginnt sich diese Erstarrung unter dem Druck der Verhältnisse in den letzten Jahren zu lösen. Trotz der ungeheuren Schwierigkeiten, die sich der Umgestaltung und Organisation, besonders durch die eigenartige Struktur des deutschen Obstbaues, in den Weg stellen, muß das Ziel, die Wettbewerbsfähigkeit mit den Erzeugnissen des Auslandes herzustellen, hartnäckig weiter erstrebt werden. Hierbei kann eine Spezialforschung ganz wesentliche Dienste leisten, indem sie, in engster Zusammenarbeit mit der Praxis, an die vielen wichtigen Probleme herangeht, die zu lösen als Voraussetzung für die Lebensfähigkeit des Obstbaues anzusehen ist. Eine solche Spezialforschung beginnt sich anzubahnen. Auch sie bedarf einer straffen Organisation und einer Gliederung nach großen und klaren Gesichtspunkten.

In der Obstbauspezialforschung, insbesondere aber auf dem Gebiete der Obstzüchtung, tatkräftig mitzuwirken, ist die Aufgabe der Obstabteilung des Kaiser Wilhelm-Institutes für Züchtungsforschung.

II.

Im Rahmen der Gesamtaufgabe für den deutschen Obstbau, der Steigerung seiner Wettbewerbsfähigkeit, hat die Obstzüchtung zwei große Ziele zu verfolgen: 1. die Herstellung von Unterlagenklonen und -linien für die wichtigsten Sorten unserer Fruchtgattungen und für die verschiedenen obstbaulichen Zwecke, 2. die Verbesserung unserer Obstsorten. — In Bezug auf die erste Aufgabe ist zu erwähnen, daß man gegenwärtig noch fast ausschließlich Populationen von Unterlagen verwendet, was bei den Wechselbeziehungen zwischen Edelreis und Unterlage zu manchen Mißerfolgen geführt hat und auch weiterhin führen muß[1]. Wenn auch bestimmte Probleme der Unterlagenforschung in Müncheberg gelöst werden müssen, so steht doch die zweite Aufgabe im Mittelpunkt unserer Arbeiten. Es geht hier um die Verbesserung unserer Obstsortimente auf züchterischem Wege. Für die einzelnen „Fruchtgattungen" ergeben sich hier eine Fülle von Einzelzielen, die sich aber in ihrer Gesamtheit auf die Formel bringen lassen: Herstellung von solchen Obstsorten, welche bei geringster Inanspruchnahme des Betriebskapitals sichere Erträge bringen oder aber durch ihre besonderen Qualitäten einen erhöhten Aufwand vertragen.

Bei diesen Bestrebungen werden einzelne Sonderziele mit ganz besonderem Nachdruck angestrebt. Es sind dieses vor allem die Züchtung auf Widerstandsfähigkeit gegen pilzliche Parasiten und gegen ungünstige Witterungseinflüsse (Frost). Wie notwendig es ist, zu versuchen, hier auf züchterischem Wege Abhilfe zu schaffen, mag aus dem Folgenden hervorgehen.

Die Fusicladium-Seuche, die Schorfkrankheit der Äpfel (Erreger: *Venturia inaequalis* COOKE ADERH.) verursacht im deutschen Obstbau einen Schaden von jährlich 40—60 Millionen RM. Eine restlose Eindämmung dieser Seuche durch Vorbeugungs- und Bekämpfungsmaßnahmen ist aus verschiedenen Gründen nicht möglich, ganz abgesehen davon, daß jede Pflanzenschutzmaßnahme einen Betrieb belastet. Ähnlich verhält es sich mit der auf die Untergattung *Pirus* spezialisierten *V. pirina* ADERH. und mit *V. cerasi* der Sauerkirschen. Auch der *Monilia* stehen der Obstbau wie auch der Pflanzenschutz ziemlich machtlos gegenüber. Die Art *Sclerotinia cinerea* kann in manchen Jahren die Schattenmorellenernte ganzer Obstanbaugebiete völlig vernichten. Diese wenigen

[1] Statist. Jb. **1933**; vgl. außerdem C. F. RUDLOFF, Einiges über die Obstzüchtung in Deutschland. Züchter 3, 6.

[1] Zur Orientierung über Einzelfragen vgl. W. GLEISBERG, Die Obstunterlagenselektion. Züchter **2**, 6. — Die Kernobstunterlagenselektion in England. Züchter 3, 10.

Beispiele mögen hier genügen. Daß man unbedingt versuchen muß, diesen Seuchen auf züchterischem Wege beizukommen, ist selbstverständlich. Arbeiten in dieser Richtung sind bei uns bereits im Gange.

Von ganz besonderer Bedeutung ist auch die Züchtung auf Widerstandsfähigkeit gegen Frost. Es sei nur darauf hingewiesen, daß durch den Winter 1928/1929 in Deutschland für etwa 600 Millionen RM. an Obstbäumen vernichtet worden sind[1]. Daß hier nicht nur auf die Widerstandsfähigkeit des Holzes, sondern auch, wenn auch auf ganz anderer Basis, auf die der Blüten und Knospen hingearbeitet werden muß, sei nebenbei erwähnt. Schließlich ist die Züchtung auf Widerstandsfähigkeit des Holzes nicht nur beim Edelreis, sondern auch bei der Unterlage anzustreben.

Als Beispiel für eine Qualitätsverbesserung, die in anderer Richtung liegt, sei schließlich noch auf das Zwetschenproblem hingewiesen. Die deutsche Hauszwetsche war vor dem Kriege in ihrer Qualität unübertroffen und ihre Produkte daher auch vom Ausland sehr begehrt. In den letzten Jahren wird von der Praxis darüber geklagt, daß sie immer mehr „degeneriert" und daß dadurch der Absatz selbst im eigenen Lande bedeutend zurückgegangen ist. Ferner wird der Markt in zunehmender Weise von bosnischen und serbischen Zwetschen überschwemmt. Mit der sog. Degeneration hat es folgende Bewandtnis: Neben der „echten" deutschen Hauszwetsche kommen eine Fülle von mehr oder weniger geringwertigen Varianten vor, die teils auf dem Wege über Sproßmutationen, teils aus natürlichen Kreuzungen entstanden sein mögen. Bei der Ergänzung und Vermehrung der Bestände ist darauf nicht genügend geachtet worden. Es kommt noch hinzu, daß die Vermehrung nicht nur durch die „Veredelung", sondern auch durch Wurzelsprosse und sogar durch Samen erfolgt. Daher muß die Lösung der Zwetschenfrage, die für manche Obstanbaugebiete eine Lebensfrage ist, sowohl auf obstbautechnischem als auch auf züchterischem Wege erfolgen. Dabei fällt der Obstzüchtung die Aufgabe zu, die Führung zentral zu übernehmen. Es ließen sich noch viele solcher Einzelaufgaben anführen.

III.

Beim Kern-, Stein- und Schalenobst ist die Züchtung eine Arbeit auf weite Sicht. Hinzu kommt, daß die Erzielung großer Aufspaltungsgenerationen, insbesondere bei der Kombinationszüchtung, ganz allgemein auf erhebliche Schwierigkeiten stößt. Diese liegen zum Teil begründet in der bei den Obstgehölzen weit verbreiteten Selbststerilität, ferner in chromosomalen Störungen. Bei Kirschen und Pflaumen schließlich, bei denen es, durch das Objekt bedingt, schon arbeitstechnisch schwierig ist, große Samenmengen zu erhalten, kommt auch noch die Intersterilität hinzu. Daneben scheinen hier außerdem letal wirkende Kombinationen relativ häufig zu sein, und endlich ist auch die Keimfähigkeit der Samen hier bisweilen sehr herabgesetzt.

Nun wissen wir aber, daß unsere Obstsorten vorwiegend stark heterozygotisch sind, und ferner muß ja die Selbststerilität zwangsläufig zu weiteren natürlichen Kreuzungen führen. Soweit nun die anzustrebenden Eigenschaftskombinationen aus unseren Kultursorten „herauszuholen" sind, kann man sich unter bestimmten Voraussetzungen und für bestimmte Zwecke des Samens aus solchen natürlichen Kreuzungen bedienen, um möglichst schnell die notwendige breite Selektionsbasis zu schaffen. Daß das Hauptgewicht immer wieder auf planmäßige Kreuzungen gelegt wird, ist eigentlich selbstverständlich.

Da die Obstgehölze sich vegetativ vermehren lassen, ist auch eine Züchtung auf „Samenkonstanz" überflüssig. Als weiteren Vorteil ermöglicht die vegetative Vermehrbarkeit die „Veredlung" auf schwachwüchsige Unterlagen. Dadurch läßt sich die Generationenfolge erheblich zusammendrängen, indem die Zeit bis zum Fruchten um mehrere Jahre verkürzt wird.

Die Selektion erstreckt sich beim Baumobst zwangsläufig auf viele Jahre. Sie wird nach einem besonders ausgearbeiteten System in 3 Stufen durchgeführt. Die erste und Hauptselektion erfolgt im Zuchtbetrieb selbst. Sie soll diejenigen Qualitäten des Sämlings und seiner Okulate erfassen, welche sich bis zum Fruchten unter Berücksichtigung der örtlichen Umweltverhältnisse bestimmen lassen. Dazu gehört auch die Fruchtqualität. Die erste Selektion entscheidet über die Notwendigkeit jeder weiteren Prüfung. Die zweite Selektion bezieht sich auf die *baumschultechnische* Eignung. Sie befaßt sich mit der Prüfung der Qualitäten, die für die Vermehrung einer neuen Sorte notwendig sind. In der dritten Selektionsstufe schließlich sollen die *obstbautechnisch* wichtigen Qualitäten erfaßt werden. Sie entscheidet über alle Eigenschaften, die mit der Anbauwürdigkeit der neuen Sorten in irgendwelcher Beziehung stehen, ferner über die Eignung der zu prüfenden Neuheiten für bestimmte Anbaugebiete und für bestimmte Zwecke. Hier fällt die endgültige Entscheidung über den Wert solcher „Neuheiten".

Es ist notwendig, daß die letzten beiden Stufen der Selektion in möglichst vielen verschiedenen Obstanbaugebieten des Reiches durchgeführt werden. Mit der Gründung einer Arbeitsgemeinschaft für Obstzüchtung, die ERWIN BAUR 1932 ins Leben gerufen hat, ist diese Forderung erfüllt. Die A.G.O. umfaßt sämtliche Institute und andere Stellen in Deutschland, welche zur Obstzüchtung irgendwie in Beziehung stehen. Es ist hier die gesamte deutsche Obstzüchtung zentralisiert, die einzelnen Arbeitsgebiete sind zweckmäßig verteilt, und es wird nach einheitlichen Richtlinien gearbeitet.

[1] Vgl. A. F. WILHELM, Experimentelle Untersuchungen über die Kälteresistenz von Reben und Obstgehölzen. Gartenbauwiss. 8, 1.

IV.

Als Beispiel für die Bearbeitung einer bestimmten Züchtungsaufgabe sollen hier der Gang der Arbeit, die Methodik sowie die Voraussetzungen für die Züchtung von fusicladiumfesten Apfelsorten in größeren Zügen dargestellt werden.

Die erste Voraussetzung einer Züchtung auf Widerstandsfähigkeit, *das Vorkommen von widerstandsfähigen Formen oder Spezies*, scheint, nach den Angaben anderer Autoren und nach den bisher vorliegenden eigenen Untersuchungen, gegeben zu sein. Um hier sicher zu gehen, muß die Prüfung unter verschiedenen Gesichtspunkten fortgesetzt werden. Hierbei kommt es darauf an, das Verhalten möglichst vieler Kultursorten und Malusspezies unter verschiedenen Umweltbedingungen kennenzulernen. Ferner macht es die in den einzelnen Jahren wechselnde physiologische Disposition der Wirte und des Parasiten notwendig, daß eine solche Prüfung sich über mehrere Jahre erstreckt. Sie wird mit Unterstützung der A.G.O. gleichzeitig in den verschiedenen Obstbauzonen des Reiches durchgeführt.

Gleichzeitig werden *Kreuzungen von bisher als widerstandsfähig bekannten Spezies mit qualitativ hochwertigen Kultursorten* durchgeführt, und die Nachkommenschaften werden auf ihr Verhalten gegenüber Fusicladium geprüft.

Eine solche Prüfung, die möglichst scharf und exakt, daneben aber auch technisch einfach sein muß, gliedert sich in 2 Stufen. Die erste Stufe ist die gröbere Prüfung großer Sämlingsmengen mit Hilfe einer künstlichen *Masseninfektion*. Ein solches Verfahren ist bereits ausgearbeitet und mir Erfolg angewendet worden. Die aus dieser Masseninfektion als nicht befallen hervorgegangenen Sämlinge gehen in die zweite Stufe, in der sie unter scharfer Kontrolle und unter Regulierung der Umweltfaktoren in Infektionskammern sorgfältig infiziert werden. Für kontrollierte Einzelinfektionen sind zunächst folgende Voraussetzungen zu erfüllen.

1. *Für den Wirt: Die Herstellung von bewurzelten Stecklingen.* (Bei der Länge der Inkubationszeit [14—30 Tage] ist eine erfolgreiche künstliche Infektion der Blätter von abgeschnittenen, in Wasser oder in Nährlösungen gesetzten Trieben nicht möglich.)

Stecklinge von Kulturäpfeln ließen sich bisher kaum herstellen. Es mußte daher ein besonderes Verfahren ausgearbeitet werden.

2. *Für den Parasiten: Die Erhaltung der Pathogenität auf künstlichen Nährböden.*

Die Infektion mit Sporen von künstlichen Nährböden ist aus verschiedenen Gründen notwendig. Der Züchter muß sowohl den Wirt als auch den Parasiten „in der Hand" haben. Der Verlust der Pathogenität ist eine Nährbodenfrage; das beweist schon der weitgehende formative und auch physiologische Einfluß des Nährbodens auf den Pilz, der sich bereits nachweisen ließ.

3. *Für den Wirt und für den Parasiten: Die Feststellung der optimalen Verhältnisse für die künstliche Infektion.*

Schließlich ist noch *die Klärung der Biotypenfrage* eine sehr wesentliche Voraussetzung für die züchterische Arbeit. Sie kann über den Erfolg der Züchtung entscheiden. Es ist von vornherein als sicher anzunehmen, daß auch bei Venturia spezialisierte Formen vorkommen. In einem Sortiment von 150 verschiedenen Herkünften ließen sich bereits sichere morphologische und auch einige wenige physiologische Unterschiede nachweisen; doch das sagt über die Existenz von Biotypen noch nichts aus. Sie kann nur aus dem exakten Infektionsexperiment erschlossen werden. Das Gelingen eines solchen Experimentes ist von den obenerwähnten drei Forderungen abhängig. Falls nun bei *Venturia inaequalis* eine Spezialisierung vorkommt, ist sie, nach den bisherigen Erfahrungen zu urteilen, sicher ziemlich kompliziert.

Auch *das Studium der anatomischen und physiologischen Momente der Widerstandsfähigkeit* vermag uns wichtige Fingerzeige für die Bearbeitung des Gesamtproblems zu geben.

An allen diesen Einzelproblemen und verschiedenen anderen Teilfragen wird seit einiger Zeit intensiv gearbeitet, und es sind auch bereits einzelne verwertbare Erfolge erzielt worden. Im Hinblick auf die Bedeutung von *Venturia* (vgl. S. 291) ist die intensive Bearbeitung des gesamten Fragenkomplexes unter allen Umständen notwendig. Sie hat sich auch dann gelohnt, wenn sie zeigen würde, daß eine Züchtung auf Widerstandsfähigkeit nicht möglich ist.

Die Durchführung großer züchterischer Arbeiten an unseren Obstgehölzen bringt es zwangsläufig mit sich, daß als Voraussetzung Einzelfragen gelöst werden müssen, deren Bearbeitung anderen Zweigen der obstbaulichen Spezialforschung zukäme, wenn diese, wie in anderen Ländern, sich auch in Deutschland entwickelt hätten. Daneben ergibt sich aber auch aus der Natur unserer Arbeiten heraus eine sehr weitgehende Mitarbeit an Problemen, die auch an anderen Stellen bereits in Angriff genommen worden sind. So werden z. B. bei den jährlich durchgeführten Bestäubungen für Züchtungszwecke (1933 wurden nahezu 140000 Einzelblüten bestäubt) Erkenntnisse über die Befruchtungsverhältnisse unserer Obstsorten gesammelt und ausgewertet. In den großen Sortimenten von Kultursorten und Spezies der verschiedenen „Fruchtgattungen" und an den Aufspaltungsgenerationen mit Zehntausenden von Sämlingen (auf einem Areal von bisher 80 preuß. Morgen) ergeben sich gänzlich neue Gesichtspunkte für die Obstsystematik, die ja noch sehr im argen liegt. An den Zehntausenden von Okulaten und Sämlingen lassen sich viele Fragen des Unterlagenproblems klären und neue wertvolle Unterlagentypen schaffen. Die Fülle des wertvollen hier vorhandenen Materials ermöglicht besser als anderswo in Deutschland, an viele obstbaulich wichtige Einzelprobleme heranzugehen.

Die Obstabteilung des K.W.I.Z., die jetzt

schon in Deutschland auf verschiedenen Gebieten des Obstbaues anerkannt die Führung hat, kann sich zu einer Spezialforschungsstätte ersten Ranges entwickeln und sich um die Förderung des Obstbaues sehr verdient machen. Es bleibt das große Verdienst ERWIN BAURS, mit der Einrichtung dieser Abteilung und der Förderung ihrer Arbeiten, vor allem durch seine vielen Anregungen, auch dem deutschen Obstbau neue Möglichkeiten für seine Weiterentwicklung eröffnet zu haben.

Immunitätszüchtung bei Tabak.

Von M. SCHMIDT, Müncheberg (Mark).

Der deutsche Tabakbau nimmt volkswirtschaftlich und in der Weltproduktion eine wichtige Stellung ein. Im Jahre 1932 betrug die Tabakanbaufläche in Deutschland 10849 ha. Der Gesamtertrag an getrockneten Blättern belief sich auf 282241 dz gegenüber einer Welternte von schätzungsweise 16—18 Mill. dz. Der Gesamtwert der deutschen Tabakernte betrug 1932 (ohne Steuer) 32,7 Mill. RM. Eingeführt wurde in Deutschland im Jahre 1932 Rohtabak im Werte von 129 Mill. RM, die Ausfuhr betrug wertmäßig 0,36 Mill. RM. Angesichts dieser Zahlen erscheint die Forderung selbstverständlich, der deutschen Tabakerzeugung größtmögliche Konkurrenzfähigkeit zu verschaffen. Alle den Ertrag und die Qualität herabsetzenden Faktoren müssen weitestgehend eingeschränkt oder ausgeschaltet werden. In dieser Richtung liegt die Bekämpfung von Schädlingen und Krankheiten, die den Wert der Tabakernte qualitativ und quantitativ beeinträchtigen.

Zweifellos die schlimmste Krankheit des Tabaks ist das sog. „Wildfeuer", eine zuerst in Nordamerika aufgetretene bakterielle Blattfleckenkrankheit. Der Erreger, *Pseudomonas tabaci*, wurde von den Amerikanern WOLF und FOSTER entdeckt. Über die Biologie dieses Parasiten verdanken wir in erster Linie STAPP wertvolle Aufschlüsse. Die Schädigung des Blattes nimmt ihren Anfang in kleinen, runden, chlorotischen Flecken. Diese vergrößern sich mehr und mehr. Gleichzeitig werden sie von der Mitte aus fortschreitend braun und trocken, so daß nur noch ein chlorotischer Hof an der Peripherie bleibt. Die Befallsstellen können mehrere Zentimeter Durchmesser haben und durch Verschmelzung zu mächtigen braunen Flecken führen. So kann schließlich das ganze Blatt zugrunde gehen, oder aber durch Ausfallen der kranken Teile kann eine Verarbeitung des Blattes unmöglich gemacht werden. Auftreten und Verbreitung der Krankheit werden durch kühlfeuchtes Wetter begünstigt. Wie ihr Name andeutet, tritt sie schlagartig auf; sie kann in kurzer Zeit die Blattqualität und den Ertrag katastrophal herabdrücken. Im süddeutschen Tabakbaugebiet wurde die Krankheit zum erstenmal 1923 beobachtet, und sie hat seitdem zu beträchtlichen Verlusten geführt. Der im Wildfeuerjahr 1927 angerichtete Schaden im badischen und pfälzischen Anbaugebiet wird auf etwa 2 Mill. RM. geschätzt. Dabei muß man bedenken, daß der Tabakbau fast ausschließlich von kleineren Wirtschaften betrieben wird und besonders in Südwest-Deutschland vielfach die einzige größere Geldeinnahme aus der Ernte bedeutet.

Die Bekämpfung der Krankheit bietet große Schwierigkeiten. Die Feldbestände können in allen Stadien der Entwicklung des Tabaks vom Wildfeuer überfallen werden, und wahrscheinlich wird das Bakterium schon vom Saatbeet aus auf den Acker verschleppt. Deshalb hat man bereits an den jungen Pflanzen vorbeugende Maßnahmen zur Verhütung der Krankheit unternommen. Diese haben auch beachtliche Erfolge gezeitigt. Jedoch haben ackerbautechnische und Pflanzenschutzmaßnahmen bei der Feldbekämpfung noch keine durchgreifenden Erfolge gehabt.

Die wirtschaftlichen Schäden, die das Wildfeuer dem Tabakbau zufügt, sind also sehr groß, die Bekämpfung der Krankheit ist schwierig, kostspielig und ihr Erfolg nicht gesichert. Dazu kommt, daß keine von den in Deutschland kultivierten Tabaksorten genügende Widerstandsfähigkeit gegen das Wildfeuer besitzt. Angesichts dieser Tatsachen wurde unter Mitwirkung des Reichsministeriums für Ernährung und Landwirtschaft im Februar 1932 eine Gemeinschaftsarbeit zwischen der Biologischen Reichsanstalt, dem Tabakforschungsinstitut für das Deutsche Reich und dem Kaiser Wilhelm-Institut für Züchtungsforschung beschlossen, deren Ziel die Schaffung eines genotypisch gegen das Wildfeuer widerstandsfähigen Tabaks sein sollte. Dem Müncheberger Institut wurde die Aufgabe zuteil, den züchterischen Teil des Planes in die Wege zu leiten. Die Untersuchungen werden mit Unterstützung der Notgemeinschaft der deutschen Wissenschaft durchgeführt. An der Initiative zur Beschreitung des züchterischen Weges hatte Professor ERWIN BAUR hervorragenden Anteil. Mit größtem Interesse sorgte er für die Ausnutzung aller züchterischen Möglichkeiten in der Bekämpfung des Wildfeuers. ERWIN BAURS Heimatgemeinde, Ichenheim im badischen Wildfeuergebiet, gehört mit zu den größten Tabakbau treibenden Gemeinden.

Zur Prüfung des Tabaks auf sein Verhalten gegen *Pseudomonas tabaci* dient einmal die Beobachtung im Feldbestand, anderenteils die künstliche Infektion mit Reinkulturen des Parasiten. Die Methoden zur Einzelpflanzeninfektion durch Nadelstich sowie ein Masseninfektionsverfahren für Sämlinge sind von der Biologischen Reichsanstalt bereits ausgearbeitet und in Müncheberg mit Erfolg angewandt worden.

Im Sommer 1932 und besonders im Jahre 1933 wurde ein größeres Sortiment von Nicotianaarten und Tabaksorten mittels künstlicher Infektion von Einzelpflanzen wie auch bei Spontanbefall geprüft. Verwendet wurden gleichalte, ausgewachsene Pflanzen; denn es konnte festgestellt werden, daß mit dem Alter des Blattes seine Empfänglichkeit — auch an der gleichen Pflanze — zunimmt. Außerdem wurden bei der Infektion die von STAPP erprobten optimalen Infektionsbedingungen eingehalten. Zur Impfung mit Reinkulturen wurde anfangs ein aus badischem Befallsmaterial isolierter Stamm benutzt, später ein vom Bakteriologischen Laboratorium der Biologischen Reichsanstalt überlassener hochvirulenter Stamm. Die Untersuchung ergab ganz allgemein folgendes. Von 102 Varietäten, Sorten und Herkünften von *Nicotiana tabacum* erwiesen sich alle als anfällig, auch *N. rustica*, von der 9 Varietäten geprüft wurden, ist empfänglich. Dies stellte bereits STAPP fest, wird jedoch von anderer Seite bestritten. Von anderen Vertretern der Section *Rustica* werden ebenfalls angegriffen *N. glutinosa*, *N. paniculata* und *N. Langsdorffii*, nicht aber eine im Müncheberger Sortiment als *N. viscosa* bezeichnete Form, die wohl als *N. Langsdorffii var. longiflora* anzusehen ist. Unter den Vertretern der Section *Petunioides* findet sich eine Reihe widerstandsfähiger Formen. Hier sind vor allem *N. affinis* (*N. alata var. grandiflora*) und *N. micrantha* zu nennen, dann *N. plumbaginifolia*, *N. fragrans*, *N. speciosa*. *N. silvestris* ist anfällig, *N. longiflora* nur schwach. *N. Sanderae* spaltet ihrer Hybridnatur entsprechend (*N. forgetiana* ist nach ANDERSON anfällig) in anfällige und wenig anfällige Pflanzen.

Bei Nadelstichinfektion äußert sich die Widerstandsfähigkeit darin, daß auf den Angriff des Parasiten hin wohl um die Impfstelle herum ein mehr oder weniger großer chlorotischer Ring gebildet wird, dieser sich aber nicht weiter ausbreitet, nur blaßgrün bleibt, peripher nicht gelblich und von der Mitte her niemals braun und trocken wird wie bei den anfälligen Formen. Die lediglich durch schwache Chlorose reagierenden Typen wurden 1932, als in Müncheberg schwerer Wildfeuerbefall auftrat, im Freiland nicht angegriffen, auch liegen, soweit mir bekannt, entgegenstehende Beobachtungen nicht vor. Man kann also das bei den widerstandsfähigen Spezies nach Nadelstichinfektion auftretende Bild als Standardreaktion für das Verhalten widerstandsfähiger Zuchtstämme ansehen. Bei größeren Serien von unter möglichst gleichen Bedingungen geimpften Topfpflanzen von Arten und Tabacum-Varietäten gleichen Alters konnte durch Ausmessen der chlorotischen und braunen Bezirke eine Klassifizierung der Spezies und auch von Rauchtabaken nach ihrem Empfänglichkeitsgrad vorgenommen werden. Durch Verwendung des hochvirulenten STAPPschen Stammes bei optimalen Bedingungen wurde eine außerordentlich schnelle und heftige Infektion erzielt. Hierbei traten zum Teil recht erhebliche Unterschiede in der Reaktion von Tabacum-Sorten zutage. Mehrmalige Wiederholung sicherte die Beobachtung, von deren Hauptfehlerquellen hauptsächlich die verschiedenwertige Empfänglichkeit der Blätter je nach Alter, Größe, Sorte und unbekannten Faktoren zu nennen ist. Schwach anfällige Tabakpflanzen zeigen vielfach ein etwas abweichendes Befallsbild: der braune Bezirk bleibt klein, dafür tritt an der Peripherie des chlorotischen Ringes ein Kranz von kleinen braunen Punkten auf. Eine gewisse Bestätigung dafür, daß die Empfänglichkeitsunterschiede bei der im Gewächshaus vorgenommenen Infektion auch unter anderen Bedingungen bestehen, lieferte die Feldbeobachtung im Sommer 1933, wo nur schwacher Befall bei einem Teile des Sortiments vorhanden war. Hier waren gerade die Sorten schwach befallen, die sich bei künstlicher Infektion am empfänglichsten erwiesen. Von den im Gewächshausversuch als schwach empfänglich befundenen Einzelpflanzen muß dann die Nachkommenschaft im Masseninfektionsverfahren geprüft werden.

Das Sämlingsinfektionsverfahren nach STAPP bewährte sich tadellos. Bei der Mehrzahl der auf diese Art geprüften Tabacum-Sorten und Sortenkreuzungs-Populationen war die Selektion durch *Pseudomonas tabaci* in den meisten Fällen so stark, daß alle Pflanzen, je 200—400, abstarben. Die überlebenden waren krank oder völlig gesund. Da zu kleine oder zu große Sämlinge der Infektion entschlüpfen können, wurden Stichproben von den gesund gebliebenen Pflanzen in ungefähr der „richtigen" Größe entnommen und infiziert; alle waren anfällig. Von den widerstandsfähigen Arten wurde hauptsächlich mit *N. affinis* gearbeitet. Es zeigte sich, daß auch hier die Sämlinge an den ersten Blättern leicht erkrankten, daß die Pflanze diese Schädigung aber überwindet und weiter durchtreibt. Dieser Krankheitsverlauf zeigt sich auch bei nicht genügend infizierten Pflanzen anfälliger Sorten. Das erschwert natürlich die Selektion. Als Ergebnisse der Prüfung von Bastarden und Kreuzungspopulationen seien folgende Beispiele genannt. Bei dem Bastard *N. Sanderae* wurden 43 wie bei *affinis* „gesunde", 45 schwerkranke und 7 tote Pflanzen gezählt, bei einer F_2 aus *N. tabacum* (Baden) × *N. affinis* 197 „gesunde" und 164 tote Pflanzen. Bei der Prüfung von Zuchtmaterial wird man also den *affinis*-Typ einer leichten Affektion der unteren Blätter *zunächst* als Standard für die Auswahl der später durch Nadelstichinfektion nachzuprüfenden Pflanzen gelten lassen müssen. Weitere Untersuchungen zur Klärung dieser Verhältnisse sind notwendig.

Welche züchterischen Folgerungen sind aus den Beobachtungen über Befall und Widerstandsfähigkeit zu ziehen? Zunächst eröffnet sich der Weg einer Kombinationszüchtung durch Herstellung von Kreuzungen zwischen hochwertigen *Tabacum*-Sorten und widerstandsfähigen Arten mit Prüfung der Nachkommenschaft und Selektion widerstandsfähiger, *tabacum*-ähnlicher Individuen. Von dem in Müncheberg vorhandenen Material an F_2-Artbastarden kann, wie im vorigen Jahre, eine große Menge untersucht werden. Auf Grund der Ergebnisse der Speziesprüfungen sind zahlreiche neue Kombinationen hergestellt worden, deren F_1- und F_2-Generationen geprüft werden können. Der

Weg über die Spezieskreuzung hat gewisse Nachteile. Die widerstandsfähigen Arten stehen *N. tabacum* chromosomal, verwandtschaftlich und in ihren chemischen und anderen Eigenschaften sehr fern. Nach den Ergebnissen der Nicotianagenetik dürfte es vor allem sehr schwer sein, günstige Nachkommenschaftstypen auch samenkonstant zu erhalten. Deshalb wird eine zweite Marschroute eingeschlagen. Bei der Sämlingsinfektion und auch bei Einzelpflanzenprüfungen haben gewisse Tabacumherkünfte recht günstig abgeschnitten, indem sich gewisse Annäherungen an den *affinis*-Typ der Reaktion auf den Parasiten zeigten. Vielleicht eröffnet sich hier eine Möglichkeit, nur leicht anfällige Typen herauszuselektionieren, und dann bei deren Kreuzung durch Transgression widerstandsfähige Formen zu erhalten oder gar auf mutativem Wege widerstandsfähig gewordene Formen aus hochwertigen Rauchtabaken herauszufinden.

Die Bedeutung von Tag- und Nachtrhythmus (Photoperiodismus) für die Pflanzenzüchtung.

Von J. HACKBARTH, Müncheberg.

Beim Anbau der von Prof. E. BAUR und Dr. R. SCHICK im Jahre 1931 in Südamerika gesammelten Kartoffelklone[1] in Müncheberg ergab sich, daß ein großer Teil von ihnen keine oder nur sehr kleine Knollen ansetzte, dagegen aber lange Stolonen[2] und viele Wurzeln bildete. Dieselben Klone bilden in ihrer Heimat normale Knollen, so daß sie von den Indianern wirtschaftlich genutzt werden. Bei der ersten Nachprüfung stellte sich heraus, daß diese Klone zum größten Teil aus Gebieten in der Nähe des Äquators stammen, in denen der Tag ein wesentlich kürzerer ist als in unseren Breiten. Die Aufmerksamkeit wurde so auf die Untersuchungen der Amerikaner (GARNER und ALLARD) und der Russen (DOROSHENKO u. a.) über den Photoperiodismus gelenkt, also die Erscheinung, daß sich viele Pflanzen bei verändertem Tag- und Nachtrhythmus ganz verschieden verhalten. Diese Arbeiten hatten zur Einteilung der Pflanzen in kurztag-, langtag- und tagneutrale Formen geführt. Bei der großen Bedeutung des Problems für die Pflanzenzüchtung wurden nun auch in Müncheberg mit Unterstützung der Notgemeinschaft der Deutschen Wissenschaft vom Verf. Versuche größeren Umfanges, die in dieser Richtung liegen, in Angriff genommen. Diese Bedeutung tritt sofort dann klar hervor, wenn es sich, wie bei den südamerikanischen Kartoffeln, um die Einführung neuer Rassen oder auch überhaupt neuer Kulturpflanzen aus anderen Breitengraden handelt, die wirtschaftlich in irgendeiner Hinsicht Vorteile aufweisen. Es kann sich hierbei sowohl um Langtagpflanzen aus nördlichen bzw. südlichen als auch um Kurztagpflanzen aus tropischen Gebieten handeln. Für den Pflanzenzüchter tritt dabei die Frage nach der Physiologie dieser Erscheinung, die zwar sehr interessant ist, aber auch schwierig zu lösen sein wird, mehr in den Hintergrund. Für unsere Versuche gelten daher hauptsächlich folgende Gesichtspunkte:

1. Handelt es sich bei der photoperiodischen Reaktion um Modifikationen oder um vererbbare Eigenschaften? Nach unseren bisherigen Ergebnissen und denen anderer Autoren kann als erwiesen gelten, daß wir es mit keinen einfachen Modifikationen zu tun haben. Dagegen spricht die größte Wahrscheinlichkeit für eine Vererbung der Kurz-Langtag-Reaktion, zumal eine solche auch schon für einen Fall beim Salat nachgewiesen ist (BREMER 1931).

2. Wenn eine Vererbung nachzuweisen ist, auf wieviel Faktoren beruht dann eine solche? Die Beantwortung dieser Frage ist wichtig für die Bemessung des Zahlenmaterials bei Kreuzungen zwischen Kurz- und Langtagformen derselben Art oder verschiedener Arten mit abweichender Reaktion untereinander. Die Versuche in dieser Richtung laufen noch und werden in der Hauptsache zur Zeit an Kartoffelkreuzungen durchgeführt. Später sollen sie auch auf andere Pflanzen ausgedehnt werden.

3. Läßt sich die Reaktion auf kurze bzw. lange Tage durch irgendwelche praktisch im großen durchführbare Maßnahmen aufheben? Als solche kommen in Frage: verschiedene Düngungsmaßnahmen, bei einigen Pflanzen etwa auftretende Nachwirkungen, Stimulation oder Jarowisation (s. weiter unten) des Saatgutes u. a. m. Im Jahre 1933 wurde ein erster Versuch mit den gebräuchlichen Handelsdüngemitteln durchgeführt, wobei *Oxalis tuberosus*, eine knollentragende Sauerkleeart aus Südamerika, die eine stark ausgeprägte photoperiodische Reaktion aufweist, als Versuchspflanze Verwendung fand. Die Ergebnisse waren durchaus negativ, d. h. die Pflanzen setzten bei keiner der verschiedenen Düngungen Knollen an. Es bleibt allerdings vorläufig dahingestellt, ob nicht noch irgendwelche anderen Salze sich als wirkungsvoller erweisen werden. Nachwirkungen konnten bisher bei keinen auf ihre Reaktion hin untersuchten Pflanzen beobachtet werden, im Prinzip wäre ihre Ausnutzung möglich bei gärtnerischen Kulturpflanzen und beispielsweise auch bei Kohlrüben durch Verdunkelung der räumlich wenig ausgedehnten Saatbeete. Ganz neue Gesichtspunkte sind in den hier zur Besprechung stehenden Fragenkomplex, durch die sog. Jarowisation nach LYSSENKO, hineingetragen worden. Es handelt sich hierbei um eine besondere Art der Saatgutbehandlung, durch die Winterformen, z. B. von Weizen, in Sommerformen übergeführt werden können, und bei sommeranuellen Pflanzen der Zeitpunkt des Überganges von der vegetativen in die reproduktive Phase vorverlegt wird. Ob und

[1] Klon = vegetative Nachkommenschaft.

[2] Unterirdische Ausläufer des Stengels.

welche Beziehungen zwischen Jarowisation und Photoperiodismus bestehen, soll Aufgabe weiterer Untersuchungen sein. Als Versuchspflanzen sollen herangezogen werden Lupinen, Sojabohnen, Kartoffeln und Oxalis tuberosus.

4. Läßt sich die Kurztagreaktion als solche wirtschaftlich ausnutzen? Eine solche Ausnutzung wäre denkbar besonders beim Anbau von Futterpflanzen. Kurztagpflanzen zeigen nämlich als wesentlichste Habitusveränderung bei langen Tagen ein stark vermehrtes vegetatives Wachstum, eine bei Futterpflanzen durchaus erwünschte Eigenschaft. Es wären nun solche Pflanzen aus Kurztaggebieten auf ihre Futtereignung zu prüfen und könnten bei deren positivem Ausfall unter Umständen zur Bereicherung unseres Sortimentes von Futterpflanzen beitragen. Allerdings müßte das Saatgut, falls es sich nicht um vegetativ vermehrbare Arten handelt, jedesmal wieder aus dem Ursprungsland eingeführt werden, da derartige Pflanzen bei uns wahrscheinlich schwer zur Samenreife kommen würden, wenn nicht eine solche durch Jarowisation zu erzwingen wäre.

Außer den im vorstehenden diskutierten Versuchen laufen noch verschiedene andere, von denen einige kurz erwähnt werden sollen. Im großen ganzen als abgeschlossen gelten kann ein Versuch über die Beziehungen zwischen der photoperiodischen Reaktion und der geographischen Breite des Herkunftsortes bei etwa 60 verschiedenen Kartoffelklonen, die in Südamerika zwischen dem 0. und 45. Breitengrad gesammelt wurden. Die Ergebnisse werden demnächst veröffentlicht werden. Weiterhin sind Untersuchungen im Gange, die über die zur Knollenbildung nötige Intensität der Verdunkelung Aufschluß geben sollen, Versuchspflanze ist *Oxalis tub.* Von Wichtigkeit für die Praxis der Pflanzenzüchtung sind dann noch die Arbeiten über den Photoperiodismus bei Tomaten, die Blütezeit von Topinambur (*Helianthus tub.*) und über die Vererbung der Kurz-Langtag-Reaktion bei *Zea Mays*.

Zusammenfassend betrachtet, stellt der Photoperiodismus also ein Gebiet dar, das theoretisch sehr interessante Fragestellungen enthält, das aber auch von seiten der praktischen Pflanzenzüchtung durchaus Beachtung verdient, ganz abgesehen von manchen acker- und pflanzenbautechnischen Fragen, die durch diese Erscheinung eine Erklärung finden könnten.

Die Züchtung von Beerenobst.

Von F. GRUBER, Müncheberg.

I. Einleitung.

Dem Beerenobstbau wird aus mehrfachen Gründen auch in Zukunft wachsende Bedeutung zukommen. Einmal wird er durch die geringeren Anforderungen, die er an Vorkenntnisse und Fertigkeiten für seine Handhabung stellt, für den Nichtfachmann rascher und leichter zu erlernen sein als der Großobstbau. Dies läßt ihn für den Kleinsiedler zu einem besonders günstigen Betriebszweig werden, zumal ja die Früchte auch im eigenen Haushalte vielseitige Verwendung finden können. Aber auch auf dem Markt ist sicherlich mit einer Steigerung der Nachfrage zu rechnen, besonders wenn es gelingt, gewisse zeitliche Lücken auszufüllen, in denen wenig oder nur teures ausländisches Obst zu erhalten ist. Schließlich ist bei einer Verbesserung der allgemeinen wirtschaftlichen Lage auch sicher noch mit einem steigenden Bedarf der Konserven- und Marmeladeindustrie zu rechnen, so daß auch für den Anbau im Großen die Aussichten noch wachsen werden. Volkswirtschaftlich ist natürlich ebenso wie beim Großobst auch beim Beerenobst eine möglichst hohe Bedarfsdeckung aus eigener Erzeugung im Hinblick auf eine Einfuhrverminderung erwünscht.

Die Pflanzenzüchtung kann für den Beerenobstbau und seine wirtschaftliche Sicherstellung wertvolle Hilfsdienste leisten. Neben einer Steigerung der Erträge und Verbesserung der Fruchtqualität ist vor allem eine Senkung der Erzeugungskosten durch Schaffung krankheitsresistenter Sorten von Wichtigkeit. Besondere Bedeutung kommt ferner der Züchtung auf extrem gelagerte Reifezeiten zu, um obstarme Perioden des Marktes ausnutzen zu können. Schließlich wird es auch noch Aufgabe der Züchtung sein, Spezialsorten für die verschiedensten Verwendungszwecke herzustellen.

Im folgenden soll kurz berichtet werden, inwieweit Arbeiten in den genannten Richtungen im Kaiser Wilhelm-Institut bereits in Angriff genommen sind.

II. Stachelbeeren und Johannisbeeren.

Die europäischen großfrüchtigen Stachelbeeren, deren Kultivierung in erster Linie in England stattgefunden hat, leiten sich von *Ribes grossularia* ab. Dem Anbau steht eine außerordentlich große Zahl hochwertiger Sorten zur Verfügung, die nach Größe, Farbe, Geschmack, Beschaffenheit der Haut und sonstigen Werteigenschaften der Früchte sowie nach Ertrags- und Wuchseigenschaften eine reiche Mannigfaltigkeit zeigen. Dafür ist ihnen allen in mehr oder minder starker Ausprägung eine negative Eigenschaft gemeinsam, nämlich die Anfälligkeit gegen den amerikanischen Stachelbeermeltau, Sphaerotheca mors uvae. Dieser Parasit trat gegen die Mitte des vorigen Jahrhunderts in Nordamerika auf und vernichtete dort die vorhandenen Kulturen an europäischen Stachelbeeren. Um die Jahrhundertwende erschien er dann auf den beiden Wegen über Rußland und Irland in Europa und richtete auch hier großen Schaden an. Wenn es heute auch wirksame Bekämpfungsmittel gegen den Pilz gibt, so verteuert deren Anwendung doch den Stachelbeeranbau ganz erheblich.

Nun gibt es aber in Nordamerika zahlreiche Wildarten und aus ihnen abgeleitete Kultursorten, die gegen Meltau immun oder doch stark widerstandsfähig sind. Im übrigen sind diese Formen aber so kleinfrüchtig, daß sie mit unseren europäischen Sorten nicht konkurrieren können. Schon vor etwa 8 Jahren wurden auf Anregung von ERWIN BAUR im Vererbungsinstitut in Dahlem Kreuzungen zwischen amerikanischen und europäischen Stachelbeeren durchgeführt, über die LORENZ im Jg. 2 von „Der Züchter" ausführlich berichtet. Von den amerikanischen Spezies wurden vor allem Ribes divaricatum, R. succirubrum, R. pinetorum und R. oxyaccanthoides herangezogen. Die F_1 war durchweg anfällig. In der bezüglich aller Eigenschaften sehr stark variierenden F_2 zeigten sich dagegen auch teilweise und ganz widerstandsfähige Typen, die allerdings in Fruchtgröße und Qualität hinter unseren europäischen Sorten zurückstanden, dafür aber zum Teil ungeheuer reichtragend waren. Etwa 200 F_2-Pflanzen aus diesen ersten Kreuzungen stehen seit 1928 in den Müncheberger Obstquartieren. In den letzten Jahren wurden größere Aussaaten von Samen der ertragreichsten, widerstandsfähigen F_2-Pflanzen vorgenommen und die Sämlinge schon in den Frühbeetkästen künstlich mit Meltau infiziert und auf Widerstandsfähigkeit ausgelesen. Mehrere Hundert Pflanzen dieser Auslese stehen jetzt in den Quartieren und werden im Laufe der nächsten Jahre auf ihre übrigen Eigenschaften geprüft. Außerdem werden jedes Jahr Rückkreuzungen der besten F_2-Typen mit großfrüchtigen europäischen Stachelbeeren durchgeführt, um die erwünschten Anlagen der letzteren erneut in die Bastarde einzuführen. Auch diese Rückkreuzungssämlinge werden der Infektion im Jugendstadium unterworfen.

Neben der Schaffung großfrüchtiger, meltauresistenter Typen sollen diese Spezieskreuzungen aber auch das Auffinden völlig neuer Formen ermöglichen, die durch irgendwelche bisher nicht bekannten, besonders anziehenden Eigenschaften einen neuen Anreiz auf den Verbraucher ausüben können. So gelang ERWIN BAUR durch Kreuzung der sehr klein- und dunkelfrüchtigen, johannisbeerähnlichen, starkwüchsigen Ribes succirubrum[1] mit einer großfrüchtigen grossularia-Sorte in der F_2 die Herstellung eines ganz neuen Typs, dem er den Namen „Jochelbeere" (aus *Jo*hannis- und Sta*chel*beere) gab. Diese neue Form ist sehr starkwüchsig und ungeheuer reichtragend, hat im Reifezustand dunkel-, fast schwarzblaue Früchte, die in zwei- bis dreibeerigen Trauben angeordnet sind und ein sehr feines, angenehm säuerliches Aroma besitzen. Zur Bereitung von Marmelade oder Gelee und von Wein sind sie besonders geeignet. Außerdem ist die „Jochelbeere" ziemlich widerstandsfähig gegen Meltau.

Kreuzungen zwischen Stachelbeeren und Ribesarten aus anderen Sektionen wurden von LORENZ ebenfalls in größerem Umfange, aber mit nur geringem Erfolge durchgeführt. Ein paar F_1-Bastarde zwischen Ribes nigrum und R. grossularia, die jedoch steril sind, wurden nach Müncheberg übernommen. Die Kreuzung wurde vom Verf. aus theoretischen und praktischen Gründen, im vergangenen Jahre zum erstenmal erfolgreich, wiederholt. Ob die gewonnenen Samen keimfähig sind, wird das kommende Frühjahr ergeben.

Bei den eigentlichen Johannisbeeren liegen für die Züchtung die Aufgaben nicht so klar wie bei den Stachelbeeren. Immerhin kann auch hier bezüglich Resistenz gegen Blattfall, Gelierfähigkeit der Früchte, geringem Kerngehalt sich noch manches züchterisch verbessern lassen.

III. Brombeeren und Himbeeren.

Für die Züchtungsarbeit innerhalb der Gattung Rubus stehen an unserem Institut die Kreuzungsversuche zwischen Brombeeren und Himbeeren im Vordergrund des Interesses. Erstrebt werden dabei himbeerähnliche Typen, was Wuchs, geringe Bewehrung, Lösbarkeit der Frucht vom Fruchtboden, Farbe der Frucht und zum Teil auch Aroma betrifft, die aber mit den genannten Eigenschaften gewisse wichtige Eigenschaften der Brombeeren verbinden: Größere Robustheit, vor allem Widerstandsfähigkeit gegen Didymella applanata, Madenfreiheit, höherer Ertrag und stärkere Variation in der Reifezeit, wobei besonders spätreife Typen von Wichtigkeit sind, und Ausläuferlosigkeit.

Kreuzungsversuche in dieser Richtung wurden ebenfalls schon vor 8—10 Jahren in Dahlem unternommen. Aus der Kreuzung der bekannten Brombeersorte „Lucretia" (Rubus flagellaris [syn. procumbens] var. roribaccus) mit einer aus Norwegen stammenden Himbeere (wahrscheinlich R. idaeus) wurde eine größere F_2 gezogen. Ein Teil dieser Pflanzen wurde nach Müncheberg übernommen. Sie zeigen starke Variabilität in Wuchs, Ertrag, Reifezeit, Geschmack, Bewehrung, aber trotzdem ist der Gesamteindruck aller Pflanzen der von Brombeeren. Große Aussaaten von Samen aus freiem Abblühen dieser F_2-Pflanzen, die in den letzten Jahren vorgenommen wurden, brachten, soweit sich bis jetzt beurteilen läßt, auch keinen Fortschritt in der Richtung auf Himbeerähnlichkeit. Es wurden deshalb vor 2 Jahren Rückkreuzungen mit Himbeeren begonnen. Unter den daraus hervorgegangenen Sämlingen zeigen sich tatsächlich ausgesprochen himbeerähnliche Typen, doch läßt sich über ihre sonstige Brauchbarkeit naturgemäß noch nichts aussagen. Im vergangenen Jahre gelangen auch in großer Zahl Kreuzungen zwischen Himbeeren als Mutter und Brombeeren als Vater. Dies ist insofern von Bedeutung, als man bei den Brombeer-Himbeerkreuzungen reziproke Unterschiede erwarten darf, da die Himbeeren vorwiegend diploid, die echten Brombeeren dagegen in der Mehrzahl höher polyploid sind. Außerdem ist bei den Brombeeren fakultative Pseudogamie stark verbreitet, so daß mit einem zumindest teilweisen Mißlingen der zuerst erwähnten Brombeer-Himbeerkreuzung zu rechnen ist.

Schließlich wurden in den beiden letzten Jahren auch noch Kreuzungen zwischen amerikanischen

[1] Um Irrtümern vorzubeugen, sei darauf hingewiesen, daß R. succirubrum noch zu den echten Stachelbeeren gehört.

und europäischen reinen Himbeersorten durchgeführt, da die ersteren unter den hiesigen ungünstigen Standortsverhältnissen, vor allem in der Winterfestigkeit, sich den europäischen Sorten (die allerdings teilweise auch schon „Amerikanerblut" besitzen) durchschnittlich überlegen zeigten. Auch hier werden erst die nächsten Jahre über den Erfolg Aufschluß geben können.

IV. Erdbeeren.

Als Beleg für die steigende Bedeutung, die dem Erdbeerbau in Deutschland als Erwerbskultur zukommt, mögen folgende Zahlen dienen:

Für Erdbeeren als Hauptnutzung betrug die Anbaufläche:

1913	1927	1932	1933
1420 ha	3392 ha	6137 ha	7400 ha

Allein zwischen den Jahren 1932 und 1933 beträgt die Steigerung der Anbaufläche über 1200 ha! Bei der ungeheuren Beliebtheit der Frucht ist auch noch weiterhin mit einer Erhöhung des Anbaus zu rechnen, besonders wenn man noch die von der Statistik nicht erfaßten, sicher sehr beträchtlichen Flächen berücksichtigt, in denen die Erdbeere als Nebennutzung oder vorwiegend zur Deckung des Eigenbedarfs angebaut wird.

Auch hier gilt es für die Züchtung zu erforschen, wie die Wirtschaftlichkeit des Anbaus durch Neuschaffung von Sorten mit bestimmten wünschenswerten Eigenschaften oder durch züchterische Beseitigung von Mängeln gehoben werden kann.

Die Gartenerdbeeren sind bekanntlich im wesentlichen als Bastarde zwischen den beiden oktoploiden amerikanischen Arten Fragaria chiloensis und F. virginiana zu betrachten. Sie sind hochgradig heterozygot und spalten deshalb in ihrer generativen Nachkommenschaft außerordentlich stark auf. Wenn somit auch einerseits für die Auslese ein schier unerschöpfliches Reservoir gegeben ist, so entstehen auf der anderen Seite für die systematische Züchtung in Richtung bestimmter Eigenschaften ganz erhebliche Schwierigkeiten. Im wesentlichen wird man darauf angewiesen sein, unter einem möglichst großen Sämlingsmaterial immer wieder nach den gewünschten Typen Ausschau zu halten. Der einmal gemachte Fund ist einem dafür auch sicher, da ja auch bei der Erdbeere die weitere Vermehrung in der Praxis auf vegetativem Wege erfolgt.

Aber auch das Auffinden der Zuchtziele ist nicht ganz einfach, da hierüber in der Praxis durchaus keine übereinstimmende Meinung herrscht. An erster Stelle dürfte wohl die Züchtung auf extreme Reifezeiten stehen. Die Preise für solche außerhalb der gewohnten Ernteperiode auf den Markt kommenden Früchte werden voraussichtlich so hoch sein, daß sich der Anbau selbst bei nur mäßigen Erträgen noch lohnt.

Ein weiterer, sehr wichtiger Faktor ist die Schaffung festfleischiger Sorten für längere Transporte. Festfleischigkeit, verbunden mit einem gewissen Säuregehalt, ist auch für die Verarbeitung in der Konserven- und Marmeladeindustrie von Wichtigkeit.

Neben den eben genannten sind natürlich noch eine große Anzahl anderer, mehr oder minder wichtiger Gesichtspunkte gleichzeitig oder gesondert bei der Züchtung zu berücksichtigen. Die Bearbeitung aller dieser Fragen am Kaiser Wilhelm-Institut liegt noch in den Anfängen, über Ergebnisse wird naturgemäß erst nach einer Reihe von Jahren zu berichten sein.

Zum Schluß sei noch kurz auf die Aussichten hingewiesen, die für die Erdbeerzüchtung in der Kreuzung verschiedenchromosomiger Arten liegen. Solche Spezieskreuzungen, die meist zu theoretischen Zwecken unternommen wurden, führten meist zu unfruchtbaren oder nur sehr schlecht fertilen Bastarden, die lediglich wissenschaftliches Interesse hatten. Trotzdem scheinen nach meinen Beobachtungen Kreuzungen zwischen oktoploiden Gartenerdbeeren und der hexaploiden Fragaria elatior bzw. von ihr abstammenden Kultursorten nicht ganz aussichtslos, doch kann ich hierüber noch keine sicheren Aussagen machen.

Im vergangenen Sommer wurden in Gemeinschaft mit der Abteilung für experimentelle Mutationsauslösung (Dr. STUBBE) Versuche mit Röntgenbestrahlung diploider Walderdbeeren aus der vesca-Gruppe eingeleitet. Neben Faktormutationen wird die Entstehung von polyploiden Typen durch Verschmelzung nicht reduzierter Keimzellen erhofft.

In der gesamten Beerenobstzüchtung wird eine immer engere Fühlungnahme mit der Praxis erstrebt, da sich sicherlich manche Wünsche der Anbauer, die bis jetzt noch als unerfüllbar angesehen werden, auf züchterischem Wege verwirklichen lassen.

Die ostpreußische Zweigstelle des Kaiser Wilhelm-Instituts für Züchtungsforschung.

Von W. HERTZSCH, Königsberg.

Die in einer bestimmten Gegend unter besonderen Verhältnissen gezüchteten Kulturpflanzen eignen sich in der Hauptsache nur für diese Gegend, in der sie entstanden sind, während sie in Gegenden mit anderem Klima und anderer Bodengestaltung nicht gedeihen. Diesem Gesetz unterliegt die gesamte landwirtschaftliche Pflanzenzüchtung mit Ausnahme der Immunitätszüchtung.

So war es eine logische Maßnahme, daß ERWIN BAUR in den letzten Jahren versuchte, in den extrem gelegenen Gegenden Deutschlands Zweigstellen seines Müncheberger Instituts zu schaffen. Die erste derartige Einrichtung wurde am 1. April 1933 in Ostpreußen ins Leben gerufen, wo infolge seiner ungünstigen klimatischen Verhältnisse eine unbedingte Notwendigkeit dafür vorlag.

Innerhalb der Provinz Ostpreußen wechseln die klimatischen und vor allem die Bodenverhältnisse so stark, daß es nicht möglich ist, den Süden der Provinz mit dem Norden zu vergleichen. Im Süden sind in der Regel die Niederschläge geringer und die Temperaturschwankungen größer als im

Norden, während die Temperaturen unter Null im allgemeinen in Ostpreußen, mit Ausnahme des ehemaligen westpreußischen Gebietes, überall annähernd die gleichen sind. Der Norden der Provinz, der unter dem Einfluß der Ostsee steht, hat den Nachteil, daß es dort später Frühjahr wird, durch die abkühlende Wirkung der See. Der Unterschied zwischen dem Süden, dem Südosten der Provinz und dem Norden beträgt bei der Frühjahrsbestellung oftmals 8—10 Tage, was bei der Kürze der ostpreußischen Vegetationszeit außerordentlich stark ins Gewicht fällt. In den Spätwinter fällt in Ostpreußen die allergrößte Auswinterungsgefahr für das Wintergetreide zu einer Zeit, in der Tage mit Sonnenschein und mehreren Wärmegraden mit starken Nachtfrösten wechseln.

Bekanntlich sind auch in Ostpreußen die Bodenunterschiede außerordentlich große; es wechseln Gegenden mit sehr schweren und mit ärmsten Sandböden ab. Diese verschiedenartige Bodenzusammensetzung haben wir nicht nur landschaftsweise, sondern sie findet sich auch auf den einzelnen landwirtschaftlichen Betrieben. Es macht natürlich eine derartige Bodenstruktur die Wirtschaftsweise außerordentlich schwierig.

Es war daher nicht leicht, für die Zweigstelle des Kaiser Wilhelm-Instituts für Züchtungsforschung ein geeignetes Gelände zu finden. Aus verkehrstechnischen Gründen wurde die Nähe von Königsberg bevorzugt, was weiterhin den Vorzug hat, daß mit den landwirtschaftlichen Instituten der Universität Königsberg zusammengearbeitet werden kann.

Es fand sich nun auch in der Nähe von Königsberg ein Bauernhof, Klein-Blumenau bei Powayen, der insofern klimatisch ungünstig liegt, als er, etwa 25 km von der See entfernt, den schädigenden Einwirkungen der See im Frühjahr ausgesetzt ist und wo jährlich Auswinterungsschäden zu verzeichnen waren; uns liegt natürlich daran, ein denkbar ungünstiges Klima für die Zweigstelle zu haben, um möglichst starke Selektion treiben zu können.

Außerdem haben wir auf dem betreffenden Gelände, das nur 210 Morgen groß ist, so ziemlich alle Bodenarten, die es gibt, und zwar reinen Sand, Moor, Mittelboden sowie auch schweren Lehmboden, und zwar in solch abgegrenzten Stücken, daß auf den verschiedenen Bodenarten einwandfreie Versuche angestellt werden können. Die geographische Lage ist 25 km westlich von Königsberg, an der Bahnstrecke Königsberg—Pillau. Die jährliche Niederschlagsmenge beträgt etwa 550—600 mm, das Normale für die Provinz Ostpreußen. Die Luftfeuchtigkeit wird infolge der See- und Haffnähe höher sein, als in südlicheren Gegenden der Provinz.

Die Aufgaben der Zweigstelle liegen in zwei Richtungen, in der Neuzüchtung von Futterpflanzen und in der Prüfung der im Müncheberger Institut hervorgebrachten Neuzüchtungen anderer Kulturpflanzen für ostpreußische Verhältnisse.

Mit der Einrichtung der Zweigstelle hat das Kaiser Wilhelm-Institut für Züchtungsforschung das gesamte Zuchtmaterial des Mooramts der Landwirtschaftskammer für die Provinz Ostpreußen zur Weiterbearbeitung übernommen. FELDT, der Züchter der verschiedensten Gräserzuchtstämme, Wiesenschwingel, Timothe, Rotschwingel, einiger sehr wertvoller Knaulgrasstämme, fruchtbarer Rispe und vieler neu in Arbeit genommener Gräser, übergab dieselben dem Kaiser Wilhelm-Institut, da die Aufgaben des Mooramts als Grünlandstelle der Landwirtschaftskammer sich vergrößerten, und die Fortführung der Zuchtstation erhebliche Ausgaben notwendig machte. Außerdem war durch die Zweigstelle die Gewähr für eine vorschriftsmäßige Fortführung der begonnenen Arbeiten gegeben.

Der Futterbau in Ostpreußen nimmt etwa 50% der landwirtschaftlich genutzten Fläche ein, und es ist daher erklärlich, wenn die Zweigstelle ihr Hauptgewicht auf die Züchtung ertragreicher Futterpflanzen legt. Es ist durch die Arbeiten FELDTS schon sehr viel getan worden. Wir verdanken ihm Futtergräser, die ganz wesentlich zur Steigerung der Futterernten beigetragen haben. Es gibt aber noch viele Teile der Provinz, besonders die mit leichtesten Böden, auf denen die Futterernten nach wie vor unsicher sind. Für diese Böden wird die Zweigstelle ihre Arbeiten in der Hauptsache einzustellen haben. Es gibt verschiedene Leguminosen, die dort mit Gräsern angebaut, hohe Erträge liefern werden, wenn erst die richtigen Formen gefunden sein werden. Besonderes Interesse haben wir der Vicia villosa zugewandt, die auch auf leichtesten trockenen Böden große Futtermassen, in Verbindung mit Gräsern, liefert. Neben den einjährig überwinternden Formen gibt es auch solche mit einjähriger Vegetationszeit, die für viele Fälle hohe Bedeutung haben werden.

Nicht minder brennend als die Fragen des Feldfutterbaues auf leichten Böden sind diejenigen der Weide. Nach Johanni versagen in der Regel die Weiden auf den leichten Böden. Es stehen in dem Zuchtgarten der Zweigstelle eine Reihe von Gräsern aus der russischen Steppe, die sich in dem ostpreußischen Klima sehr gut entwickeln. Besonders wertvoll erscheint uns Agropyrum cristatum, eine Queckenart, die im Gegensatz zu der bekannten Quecke das Weiden verträgt und vor allem gut nachwächst. Der Eiweißgehalt ist, wie bei der gewöhnlichen Quecke, auch außerordentlich hoch, wir haben Pflanzen bis 27% Rohprotein bei 100% Trockensubstanz gefunden.

Von den Leguminosen interessiert uns hauptsächlich die Luzerne, die in Ostpreußen trotz ihrer Bedeutung wenig angebaut wird. Der Grund der Vernachlässigung dieser unserer wichtigsten Futterpflanze liegt in der Unsicherheit. Durch Verwendung von ungeeigneten Herkünften sind der Landwirtschaft infolge Auswinterung große Schäden erwachsen. Luzernesaat aus Ungarn oder Thüringen wintert nur selten aus, wenn dieselbe ohne Deckfrucht angebaut wird. Eines verträgt die Luzerne jedoch nicht, und das ist ein hoher Grundwasserstand, der aber auf den einzelnen Schlägen außerordentlich stark wechselt. Die Zuchtstelle hat es sich zur Aufgabe gemacht, eine

Luzerneform zu züchten, die mit ihren Wurzeln nicht so tief in den Boden dringt und nicht so sehr vom Grundwasserspiegel abhängig ist. Einige Stämme einer solchen Luzerneform haben 6 Jahre an einer Stelle gestanden, die einen Grundwasserspiegel in einer Tiefe von etwa 80 cm hatte, ohne irgendwelchen Schaden zu nehmen.

Neben den Auslesearbeiten werden auch Kreuzungen von Gräsern und Leguminosen untereinander vorgenommen, von denen greifbare Resultate erst in den späteren Jahren zu erwarten sind.

Die Futterpflanzenzüchtungen, die hier entstanden sind, sollen dann in Müncheberg und anderen Stellen für die übrigen Gegenden Deutschlands auf ihre Geeignetheit geprüft werden. Die Prüfung der Neuzüchtungen des Müncheberger Instituts in Ostpreußen nimmt einen großen Raum in dem Arbeitsgebiet der Zweigstelle ein. Die verschiedenen Abteilungen des Müncheberger Instituts machen alle Vorarbeiten, die zu einer Neuzüchtung notwendig sind. Nehmen wir als Beispiel Wintergerste, eine Pflanze, die für Ostpreußen große Bedeutung erlangen wird, vorausgesetzt, daß eine winter- und lagerfeste Form gefunden wird. Die Gerstenabteilung wird demnach in Müncheberg die Kreuzungen mit dem Ziele „Winterfestigkeit" und „Lagerfestigkeit" vornehmen und die Kreuzungsprodukte einige Jahre auf der ostpreußischen Zweigstelle als Ramsch anbauen und dann hier Selektionen machen. Es hat also gar keinen Zweck, in Müncheberg zu selektionieren und dann die fertigen Stämme hier zu prüfen. In diesem Sinne sind die Arbeiten hier mit Wintergerste und Winterweizen begonnen worden.

Ganz besonderes Interesse verdient in Ostpreußen die Züchtung von Gemüse und Obst. Das Versagen im Anbau derselben liegt nicht allein in der Sortenwahl, die allerdings sehr vernachlässigt wurde, sondern zum großen Teil an dem Mangel geeigneter Formen. So ist es z. B. ein jährlich wiederkehrendes Bild, daß nur etwa 30% des Behanges einer Tomatenpflanze reift, während der Rest grün bleibt und fault. Frühreife Sorten werden in Müncheberg gezüchtet und sind dann hier zu prüfen. Die allergrößten Verluste hat aber die ostpreußische Land- und Gärtnerwirtschaft durch das Erfrieren von Obstbäumen in dem Winter 1928/29 erlitten. Es interessieren hier die Zahlen der Verluste. So erfroren: 40% des Apfelbaumbestandes, 70% des Birnbaumbestandes, 60% des Pflaumenbaumbestandes, 80% des Süßkirschenbestandes, 20% des Sauerkirschenbestandes, 98% des Aprikosen- Pfirsich-, Walnußbestandes. Im ganzen gingen 2 Millionen Obstbäume in der Provinz Ostpreußen zugrunde.

Der Obstbau kann in Ostpreußen eine große Bedeutung erlangen, denn bekannterweise zeichnet sich das Aroma der Früchte aus, die an der klimatischen Grenze des Obstbaues gewachsen sind. So hat sich von jeher der ostpreußische Gravensteiner seines hervorragenden Aromas halber großer Beliebtheit erfreut.

In Blumenau soll der Obstbauzüchtung ein hervorragender Platz eingeräumt werden durch Pflanzung einer großen Baumschule mit Neuzüchtungen, die in Müncheberg entstanden sind.

Die Landwirtschaft Ostpreußens dankt es BAUR, daß er die klimatische Sonderlage der Provinz erkannt hat und ihr die Möglichkeit gibt, durch Schaffung dieser Zweigstelle in den Genuß der Müncheberger Züchtungen zu kommen. Die Arbeiten sollen im Sinne und nach den Plänen BAURS durchgeführt werden, denn nur dann ist Gewähr für einen vollen Erfolg gegeben.

Art- und Gattungsbastarde bei Getreide.

Von ERNST OEHLER, Müncheberg.

Wenn die Kombinationszüchtung auf Art- und Gattungsbastarde ausgedehnt werden soll, müssen vorerst die Kreuzungsmöglichkeiten der einzelnen Arten und Gattungen, ferner Fertilität, Genetik und Zytologie der Bastarde genau untersucht und geklärt werden. Da für den Züchter neue Getreidetypen, die Merkmale verschiedener Arten oder Arten verschiedener Gattungen in sich vereinigen, sehr erwünscht und die Möglichkeiten nicht ausgeschlossen sind, daß bei Nachkommen von Art- und Gattungsbastarden bei *Getreide* solche wertvolle Neukombinationen erhalten werden können, werden im Müncheberger Institut — neben rein theoretischen Arbeiten bei Getreide — die dafür notwendigen wissenschaftlichen Vorarbeiten in einer besonderen Abteilung durchgeführt.

Innerhalb des Tribus *Hordeeae* der Gramineen stehen die 4 Gattungen *Triticum L.*, *Aegilops L.*, *Secale L.* und *Haynaldia Schur* einander sehr genähert. Über die Kreuzungsmöglichkeiten zwischen Arten dieser Gattungen sowie über Morphologie, Fertilität und Zytologie einiger Bastarde und deren Ausnutzung für praktische Zwecke soll im folgenden kurz berichtet werden.

I. Artbastarde. 1. Artbastarde innerhalb der Gattung *Triticum L.* Die Gattung *Triticum* umfaßt heute 16 Arten, die nach ihren morphologischen, physiologischen, serologischen und zytologischen Merkmalen in 3 Reihen eingeteilt werden: A. *Einkornreihe*, $n = 7$, Genom A mit 3 Arten; B. *Emmerreihe*, $n = 14$, Genome AB mit 9 Arten, und C. *Dinkelreihe*, $n = 21$, Genome ABD mit 4 Arten. In jeder Reihe werden Stamm- und Kulturformen, unter letzteren Spelz- und Nacktformen, unterschieden.

Alle *Triticum*arten lassen sich miteinander kreuzen, Kreuzungen zwischen *gleich*chromosomigen Arten gelingen in beiden Richtungen gut, der durchschnittliche Ansatz beträgt je nach den verwendeten Rassen 20—60%. Die F_1 ist voll fertil. Die Reduktionsteilung verläuft normal. Arten der gleichen systematischen Reihe besitzen völlig homologe Genome. In F_2 tritt normale Mendelspaltung ein, es verhalten sich diese Artbastarde wie gewöhnliche Rassenbastarde. Einer Ausnutzung für praktische Zwecke stehen keinerlei Schwierigkeiten im Wege. Es sind in den letzten Jahren eine große Anzahl solcher Kreuzungen durchgeführt worden, deren Nachkommen nun auf ihre praktische Verwendung hin noch geprüft werden.

Kreuzungen zwischen *verschieden*chromosomigen Arten der Emmer- und Dinkelreihe gelingen schwerer, der durchschnittliche Ansatz beträgt 10—30%. Die Kreuzung gelingt in der Regel besser, wenn der niedrigchromosomige Elter als Mutter verwendet wird, doch ist die Keimfähigkeit der Bastardkörner größer, wenn der Vater niedere Chromosomenzahl besitzt. Die F_1 ist nicht mehr voll fertil. Die Fertilitätsstörungen sind Folgen gestörter Reduktionsteilung, je 2 Emmer- und Dinkelgenome (AB) sind völlig homolog und paaren sich normal, 7 Dinkelchromosomen bleiben als Univalente bestehen und verteilen sich nach dem Zufall auf die beiden Pole. Die F_2-Pflanzen besitzen 28—42 Chromosomen. Mendelspaltung tritt infolge der teilweisen Sterilität der F_1 und der verschiedenen Chromosomenzahl der Gameten nicht ein. In den Pflanzen mit 28—34 Chromosomen, Verminderungsgruppe, verringert sich die Chromosomenzahl im Laufe einiger Generationen auf 28, in den Pflanzen mit 35—42 Chromosomen, Vermehrungsgruppe, erhöht sie sich ebenso rasch auf 42. Pflanzen der Verminderungsgruppe besitzen vorwiegend Emmer-, solche der Vermehrungsgruppe Dinkelmerkmale, da sich die Emmer- und Dinkelchromosomen meist reinlich trennen. Infolge Fehlkonjugation von Chromosomen kommen aber doch hier und da 28 chromosomige Pflanzen mit Dinkel- wie umgekehrt 42 chromosomige mit einigen Emmermerkmalen vor. Die Ausnutzung von Emmer-Dinkelbastarden für praktische Zwecke ist theoretisch möglich. Fertile Pflanzen, die Emmer- und Dinkelmerkmale auf sich vereinigen, treten auf. Da sie jedoch sehr selten sind, muß ein sehr großes Auslesematerial zur Verfügung stehen, um Aussicht auf Erfolg zu haben. Emmer-Dinkelkreuzungen wurden in sehr großer Zahl durchgeführt, zahlreiche Nachkommen davon stehen in Vermehrung und werden in den nächsten Jahren auf ihre praktische Verwendbarkeit hin geprüft.

Kreuzungen von Arten der Einkornreihe mit solchen der Emmer- und Dinkelreihe gelingen nur schwer. Der durchschnittliche Ansatz beträgt bei der Verbindung 7 × 14 etwa 10%, bei der 7 × 21 nur 3—4%. Kreuzungen mit 7 chromosomiger Mutter gelingen besser als die reciproken. Die Fertilität der F_1 ist stark vermindert, die Pflanzen sind im männlichen Geschlecht völlig, im weiblichen hochgradig steril. Zytologische Untersuchungen ergaben, daß sich nicht mehr alle 7 Einkornchromosomen mit den 7 Emmer- oder Dinkelchromosomen des Genoms A paaren können. Die Genome A Einkorn und A Emmer (od. Dinkel) sind infolge Translokationen nicht mehr in allen Gliedern homolog. Rückkreuzungen der F_1 mit den Eltern haben zum Teil Erfolg. Der Ausnutzung von Einkornbastarden stehen infolge der Pollensterilität der F_1 große Schwierigkeiten im Wege, doch ist es theoretisch möglich, mit Hilfe der Rückkreuzungsmethode zu den gewünschten Neukombinationen zu gelangen.

Die Dinkelreihe mit den Genomen ABD besitzt keine Stammform. Verschiedene morphologische wie zytologische Merkmale (Identität des D-Genoms mit einem der *Aeg. cylindrica*-Genome) haben zur Theorie PERCIVALS geführt, nach der die ganze Reihe *hybridogenen* Ursprunges und aus Kreuzungen von Arten der Emmerreihe mit solchen der Gattung *Aegilops* entstanden sei.

2. *Artbastarde* innerhalb der Gattung *Aegilops L.* Die Gattung *Aegilops L.*, deren Arten früher häufig zur Gattung *Triticum* gestellt wurden, umfaßt heute 22 Arten, die in 6 Sektionen gestellt werden: 1. S. *Anathera* n = 7 mit einer Art, 2. S. *Platystachys*, n = 7 mit 5 Arten, 3. S. *Pachystachys*, n = 7, 14 oder 21, mit 4 Arten, 4. S. *Monoleptathera*, n = 14 mit einer Art, 5. S. *Macrathera*, n = 7 mit 3 Arten, und 6. S. *Pleionathera*, n = 7, 14 oder 21 mit 8 Arten. Im Gegensatz zu *Triticum* besteht keine Übereinstimmung zwischen systematischer Stellung und Zytologie. Innerhalb zweier Sektionen kommen Arten mit verschiedener Chromosomenzahl vor, von 3 Arten sind verschiedenchromosomige Rassen bekannt. Morphologisch schließt S. *Platystachys* eng an *Triticum*, S. *Anathera* an *Agropyron* an.

Alle *Aegilops*arten sind miteinander kreuzbar. Bei Kreuzungen zwischen gleich- und verschiedenchromosomigen Arten muß zwischen solchen gleicher und verschiedener Sektion unterschieden werden. Kreuzungen zwischen gleichchromosomigen Arten der gleichen Sektion gelingen gut (Ansatz 13 bzw. 22%), stets besser als solche zwischen Arten verschiedener Sektion (Ansatz 8 bzw. 18%). Alle Verbindungen 14 × 14 gelingen besser als die Verbindungen 7 × 7. Bei Kreuzungen zwischen verschiedenchromosomigen Arten sind ebenfalls geringe Unterschiede zwischen solchen gleicher und verschiedener Sektion zu beobachten. Die Verbindung 14 × 21 gelingt gut (10—14%), die 7 × 14 und 7 × 21 nur schlecht (3—8%). Die Keimfähigkeit der Bastardkörner ist bei gleichchromosomigen Verbindungen gut, bei den anderen schlecht. Ob der verschiedene Ansatz durch die verwandtschaftliche Stellung oder Spezifität der Genome bedingt ist (wie bei *Triticum*), kann erst geklärt werden, wenn über Phylogenie und Zytologie der Gattung *Aegilops* mehr bekannt ist. Nach KIHARAS Untersuchungen besitzen die Arten der S. *Platystachys* ein Genom S, die 4 Arten *Aeg. cylindrica, ventricosa, triuncialis* und *ovata* je ein gemeinsames, aber nicht mehr völlig homologes Genom C, dazu jede Art ein weiteres verschiedenes Genom. Über die Genome der übrigen Arten ist noch nichts bekannt.

Alle Rassenbastarde, auch die zwischen verschiedenchromosomigen Rassen der gleichen Art (*Aeg. triaristata* n = 14 × *triaristata* n = 21), sind voll fertil, alle Artbastarde mit Ausnahme des *Aeg. speltoides* × *Aeg. ligustica* Bastardes pollensteril. Im Gegensatz zu *Triticum* sind bei *Aegilops* nicht nur Artbastarde zwischen verschiedenchromosomigen Arten verschiedener Sektion, sondern auch gleichchromosomigen gleicher Sektion pollensteril. Es besteht keine direkte Beziehung zwischen Bastardfertilität und systematischer Stellung wie bei *Triticum*. Die Fertilitätsstörungen sind Folgen gestörter Reduktionsteilung, die wiederum die Folge des Zusammentreffens nicht völlig homologer Genome sind. Aus den wenigen zytologischen Untersuchungen geht schon hervor, daß auch sehr nahe stehende *Aegilops*arten im Gegensatz zu *Triticum*arten keine völlig homologen Genome mehr besitzen. Die zahlreichen partiell homologen Bindungen weisen aber noch deutlich auf gemeinsame Abstammung oder Verwandtschaft hin. Die *Aegilops*arten haben sich schon viel mehr voneinander differenziert als die *Triticum*arten, der größte Teil wird auch viel älter als die meisten Weizenarten sein.

II. Gattungsbastarde. 1. Aegilops - Triticumbastarde. Alle *Aegilops*arten lassen sich mit allen *Triticum*arten kreuzen, die Kreuzung gelingt besser mit *Aegilops* als Mutter. Der durchschnittliche Ansatz aller Arten beträgt 6,8%. Die bei den einzelnen Arten sich ergebenden Unterschiede im Ansatz sind in erster Linie durch die verschiedene Blühreife der Eltern bedingt. Kreuzungen zwischen zwei gleichzeitig blühenden Arten gelingen viel besser als solche zwischen zu verschiedener Zeit blühenden Arten. Die Chromosomenzahl der Elternarten hat wohl keinen Einfluß auf das Gelingen der Kreuzung. Kreuzungen einer 14-chromosomigen *Aegilops*art gelingen gleich gut mit 14- wie mit 21-chromosomigem Weizen, doch setzen alle Kreuzungen mit 7-chromosomigen *Aegilops*- und Weizenarten schlecht an. Ob die einzelnen Genome einen Einfluß auf das Gelingen der Kreuzung haben, kann erst entschieden werden, wenn die Genome aller *Aegilops*arten genau bestimmt und deren Beziehungen zu den Weizengenomen festgelegt sind. Die Keimfähigkeit der Bastardkörner aus gut gelingenden Kreuzungen ist hoch, aus schlecht gelingenden gering. Die Bastarde sind in den meisten Merkmalen intermediär, *Aegilops* dominiert in vielen, *Triticum* nur in wenigen Merkmalen. *Triticum* ist gegenüber *Aegilops* in vielen Merkmalen rezessiv.

Die meisten *Aegilops*-Weizenbastarde sind pollensteril, jedoch im weiblichen Geschlecht teilweise fertil. Selbstungen mit aus den Antheren herauspräpariertem Pollen mißlingen. Rückkreuzungen mit den Eltern, anderen Rassen der gleichen Elternart oder fremden Arten zeigen 0,3 bis 0,4% Ansatz. Frei abgeblühte Ähren haben ebenso hohen Ansatz. Jede fertile Ähre enthält meist nur 1—2, seltener mehr (bis 6) Körner. Schließen wir aus der Zahl der geernteten Körner auf die Zahl der fertilen Embryosäcke, so ergibt sich, daß im Durchschnitt unter 312 Embryosäcken ein fertiler gebildet wird. Bei den einzelnen Bastarden schwankt die Zahl von 9—500.

Die Fertilitätsverhältnisse werden aus den zytologischen Untersuchungen verständlich. Von den heute bekannten *Aegilops*genomen ist nur das Genom D von *Aeg. cylindrica* mit dem Genom D der Dinkelreihe in allen Gliedern homolog, alle übrigen *Aegilops*genome C, E, F, G und S sind mit A, B und D von Triticum gar nicht oder nur teilweise homolog. Die daraus sich ergebenden Schwankungen in der Zahl der Bindungen und die Unregelmäßigkeiten der Chromosomenverteilung führen zu vielen sterilen Gameten. Nach Untersuchungen von SAX an Rückkreuzungsprodukten enthalten alle fertilen Gameten den gesamten Chromosomensatz der F_1, sind also unreduziert. Die Bildung solcher unreduzierter Gameten ist wohl eine Folge der großen Zahl von Univalenten, die den normalen Teilungsverlauf stören, so daß Regressionserscheinungen eintreten, die Restitutionsgameten zur Folge haben.

Morphologische Untersuchungen an Rückkreuzungsprodukten ergeben, daß die meisten *Aegilops*- und *Triticum*merkmale stark gekoppelt sind. Pflanzen von *Aegilops*wuchs- oder Ährentypus sind auch in den übrigen Merkmalen *aegilops*ähnlich, solche von Intermediärtypus intermediär und von *Triticum*typus *triticum*ähnlich. Austausch kommt jedoch in seltenen Fällen für fast jedes der Merkmale vor. *Triticum*ähnliche Typen mit *Aegilops*merkmalen wie *aegilops*ähnliche Typen mit *Triticum*merkmalen finden sich ziemlich häufig. Ein Teil der F_2-Pflanzen ist pollensteril, besitzt gestörte Reduktionsteilung als Folge unvollständiger Genome oder überzähliger Chromosomen, ein weiterer Teil ist mehr oder weniger selbstfertil, die Reduktionsteilung ist nur wenig oder gar nicht gestört, alle Genome sind vollständig oder irgendwie ausbalanciert. Pollensterile Pflanzen mit fertilen weiblichen Gameten ergeben nur wieder pollensterile, selbstfertile neben selbstfertilen auch pollensterile.

Durch Vereinigung zweier unreduzierter auf dem Wege der Regression entstandener Restitutionsgameten können *konstant-intermediäre* Typen, *Aegilotricum*formen entstehen. Sie enthalten alle vollständigen elterlichen Genome, sind selbstfertil, spalten nicht und sind daher direkt als neue Arten anzusprechen.

2. *Aegilops-Secalebastarde.* Alle *Aegilops*arten lassen sich mit den beiden *Secale*arten *Sec. montanum* und *Sec. cereale* kreuzen. Bis heute gelangen nur Kreuzungen mit *Aegilops* als Mutter. Der durchschnittliche Ansatz beträgt 8%. Fast jede *Aegilops*art läßt sich ebensogut mit *Secale* wie mit *Triticum* verbinden, so daß Verwandtschaftsverhältnisse wohl keine Rolle für das Gelingen der Kreuzung spielen. Versuche mit zu verschiedener Zeit blühenden Roggenrassen ergaben eine starke Abhängigkeit des Ansatzes von der Blühreife der Eltern. *Aegilops-Secale*bastarde sind *Aegilops-Triticum*bastarden sehr ähnlich, doch in einigen

Merkmalen gut unterscheidbar. *Secale* ist gegenüber *Aegilops* in vielen Merkmalen recessiv.

Alle *Aegilops-Secale*bastarde sind pollensteril. Rückkreuzungen haben nur äußerst selten Erfolg. Bis heute konnten in allen jemals erzeugten *Aegilops-Secale*bastarden erst 2 Körner geerntet werden. Die Zahl der gebildeten fertilen weiblichen Gameten ist demnach äußerst gering. Keines der *Aegilops*genome ist mit dem *Secale*genom ($n = 7$) auch nur teilweise homolog, *Aegilops*- und *Secale*chromosomen paaren sich nicht.

3. *Aegilops-Haynaldiabastarde*. Alle *Aegilops*arten lassen sich auch mit *Haynaldia villosa Schur* kreuzen. Bis heute sind erst Kreuzungen mit *Aegilops* als Mutter gelungen. Der Ansatz ist gering (3,55 %). In der F_1 sind die meisten Merkmale, darunter einige typische *Haynaldia*merkmale, intermediär. *Aegilops* dominiert in einigen, *Haynaldia* nur in wenigen Merkmalen. Alle *Aegilops-Haynaldia*bastarde sind bis heute vollkommen steril geblieben, alle Rückkreuzungen haben keinen Erfolg gehabt. Das *Haynaldia*genom ($n = 7$) ist mit keinem der *Aegilops*genome homolog. *Aegilops*- und *Haynaldia*chromosomen paaren sich nicht.

4. *Triticum-Secalebastarde*. Ebenso wie sich alle *Aegilops*arten mit allen *Triticum*- und *Secale*arten verbinden lassen, können auch alle *Triticum*arten mit den *Secale*arten gekreuzt werden. Natürliche Bastarde sind schon viele bekannt. Die Kreuzung gelingt viel besser mit *Triticum* als Mutter. Der durchschnittliche Ansatz beträgt 7 %. Die einzelnen Sorten und Arten setzen sehr verschieden an, der Ansatz ist wieder sehr stark durch die Blühreife der Eltern bedingt.

Die F_1-Bastarde sind in den meisten Merkmalen intermediär. Weizen dominiert in vielen, Roggen nur in wenigen Merkmalen. *Secale* ist auch gegenüber *Triticum* in vielen Merkmalen recessiv. F_1-Bastarde luxurieren gerne in einer Reihe von Merkmalen.

Weizen-Roggenbastarde sind wie alle Gattungsbastarde pollensteril, aber im weiblichen Geschlecht schwach fertil. Selbstungen sind alle mißlungen. Rückkreuzungen mit beiden Eltern haben zum Teil Erfolg (Ansatz 0,08 %), ebenso können aus frei abgeblühten Ähren Körner geerntet werden. Rückkreuzungen mit *Triticum* gelingen viel besser als solche mit *Secale*. Die fertilen Ähren enthalten in der Regel nur 1 Korn, einzelne morphologisch nicht zu unterscheidende Pflanzen dagegen oft in allen ihren Ähren mehrere (bis 6) Körner. Die Berechnung ergibt, daß unter durchschnittlich 1250 Embryosäcken ein fertiler gebildet wird.

Das *Secale*genom ist wohl zu keinem der drei Weizengenome homolog. Die Reduktionsteilung verläuft unregelmäßig, *Secale* und *Triticum*chromosomen paaren sich wohl nicht. Zytologische Untersuchungen an Rückkreuzungsprodukten mit Weizen ergeben, daß diese 42—49 Chromosomen besitzen, so daß die fertilen Gameten der F_1 21—28 Chromosomen besessen haben müssen.

Rückkreuzungsprodukte mit Weizen sind weizenähnlicher, solche mit *Secale* roggenähnlicher als F_1, die weizenähnlichen enthalten aber zum Teil noch deutliche Roggenmerkmale. Sie sind teils pollensteril, teils selbstfertil. Der größte Teil der vollfertilen Pflanzen ist rein weizenähnlich, ihre Reduktionsteilung verläuft normal, sie enthalten keine Roggenchromosomen mehr. Die nur teilweise fertilen Typen besitzen dagegen meist deutliche Roggenmerkmale, ihre Reduktionsteilung ist infolge Anwesenheit von überzähligen Roggenchromosomen gestört. Einige wenige vollfertile weizenähnliche Pflanzen mit deutlichen Roggenmerkmalen konnten aufgefunden werden. Die volle Fertilität läßt darauf schließen, daß sie normale Reduktionsteilung und entweder ein ganzes *Secale*chromosomenpaar oder ein durch Austausch erhaltenes *Secale*chromosomenstück besitzen. In verschiedenen Nachkommenschaften bleiben diese Typen bezüglich des *Secale*merkmales konstant.

Die Ausnutzung von Weizen-Roggennachkommen für die praktische Züchtung ist nach den bisherigen theoretischen Versuchen durchaus möglich. Haben die Versuche gezeigt, daß es schon in der F_2 möglich ist, fertile Typen mit Weizen- und Roggenmerkmalen zu erhalten, so wird es nur eine Frage der Zeit sein, die für die Züchtung gewünschte Kombination von hohem Ertrag und guter Qualität von Weizen und der Anspruchslosigkeit, Winterfestigkeit und Frühreife von Roggen zu erhalten. Augenblicklich stehen im Institut eine große Anzahl Nachkommenschaften aus Weizen-Roggenbastarden — d. h. auch von weizenähnlichen Typen mit deutlichen morphologischen Roggenmerkmalen — in Vermehrung, die alle noch auf ihre praktische Verwendbarkeit hin geprüft werden.

5. *Triticum-Haynaldiabastarde*. Alle *Triticum*arten lassen sich auch mit *Haynaldia villosa* kreuzen. Bis heute haben erst Kreuzungen mit *Triticum* als Mutter Erfolg gehabt. Der Ansatz ist sehr gering (1—2 %). Die F_1-Bastarde sind in den meisten Merkmalen intermediär, *Triticum* dominiert in einigen, *Haynaldia* in wenigen Merkmalen. Die *Triticum-Haynaldia*bastarde sind ebenfalls pollensteril, Rückkreuzungen haben zum Teil Erfolg. Der durchschnittliche Ansatz beträgt 0,06 %. Keines der *Triticum*genome ist mit dem *Haynaldia*genom homolog, *Triticum*- und *Haynaldia*chromosomen paaren sich nicht, die Gameten können den vollen haploiden Satz enthalten. Aus der Verbindung *T. turgidum* × *Haynaldia* erhielt TSCHERMAK eine konstant intermediäre Form, *Haynaldtricum turgidovillosum* mit $2n = 42$ Chromosomen. Sie ist selbstfertil, ihre Reduktionsteilung verläuft normal.

Die sechste der möglichen Verbindungen *Secale* × *Haynaldia* ist bis heute noch nie gelungen.

Innerhalb des *Tribus Hordeeae* sind die Beziehungen der 4 Gattungen *Triticum*, *Aegilops*, *Secale* und *Haynaldia* noch nicht endgültig festgelegt. Aus den Kreuzungsversuchen geht hervor, daß der verschiedene Ansatz in erster Linie durch die verschiedene Blütezeit der Eltern bedingt ist. Verwandtschaftliche Stellung, Chromosomenzahl wie Spezifität der Genome spielen wohl nur eine untergeordnete Rolle; es lassen sich gut Arten mit nicht homologen Genomen kreuzen. Alle Gattungsbastarde sind pollensteril. Die Sterilität ist eine Folge gestörter Reduktionsteilung, die wiederum Folge des Zusammentreffens nicht homologer oder nur teilweise homologer Genome ist. Die Zahl der fertilen weiblichen Gameten, die wohl in der Regel unreduziert sind, ist bei allen Bastarden sehr gering. Fertile weibliche Gameten werden auch bei Bastarden mit nicht homologen Genomen gebildet. Aus Fertilitäts- und zytologischen Untersuchungen kann geschlossen werden, daß sich die Arten von *Aegilops* und *Triticum* sehr nahe stehen, weiter entfernt (näher bei *Triticum* als bei *Aegilops*) stehen *Secale* und *Haynaldia*.

Der praktischen Ausnützung der Gattungsbastarde des *Aegilops-Triticum-Secale-Haynaldia*-kreises stehen infolge der geringen Ansatzverhältnisse und der Pollensterilität der F_1 große Schwierigkeiten im Wege. Nachkommenschaften können, abgesehen von den konstant-intermediären, nur auf dem Umweg über Rückkreuzungen erhalten werden. Da aber auch unter solchen Rückkreuzungsprodukten Typen auftreten, die Merkmale beider Elternarten in sich vereinigen, sind die begonnenen Versuche nicht aussichtslos. Infolge der geringen Fertilität müssen aber alle Versuche in großem Umfange durchgeführt werden, um in kurzer Zeit praktische Erfolge erzielen zu können.

Bodenuntersuchungen und Sortenprüfungen.

Von A. MEYLE, Müncheberg.

Die Abteilung hatte zunächst im Jahre 1928/29 die Aufgabe, die Felder des Kaiser Wilhelm-Institutes einschließlich Brigittenhof auf Kalk, Kali und Phosphorsäure zu untersuchen und damit die Grundlage für eine zweckentsprechende Düngung zu schaffen. Es wurde vom ganzen Gelände eine Reaktionskarte aufgenommen und darin die Ergebnisse der Reaktionsuntersuchungen nach TRENEL vermerkt. Je $^1/_2$ ha wurde je eine Bodenprobe aus der Krume und dem Untergrund entnommen und davon die p_H-Zahl bestimmt. Die gefundenen p_H-Zahlen waren so niedrig (häufig um p_H 4), daß Professor BAUR den Entschluß faßte, den stark sauren Boden durch radikale Kalkungen zu verbessern. Es wurden Gaben von 60 dz kohlensaurem Kalk/ha in einem Arbeitsgang gegeben. Diese Maßnahme wurde auch bald vom besten Erfolg gekrönt, denn Flächen, die früher Säureschäden bei Roggen und Kartoffeln zeigten, brachten nachher gute Weizenernten hervor. Die am Institut durchgeführten starken Kalkungen der sauren Sandböden fanden auch bald weitestgehend Nachahmung in den umliegenden landwirtschaftlichen Betrieben.

Es wurde ab 1928 versucht, mit Hilfe von Feldversuchen die Bedürftigkeit der Flächen an Kali und Phosphorsäure zu bestimmen, jedoch stellte sich diese Methode als umständlich, teuer und wenig zuverlässig heraus, da ja die Versuche nur auf einer kleinen Fläche des Schlages durchgeführt werden können, während der übrige Schlag unberücksichtigt bleibt.

Es wurde deshalb im Jahre 1930 ein sog. Mitscherlich-Station eingerichtet, mit deren Hilfe es möglich wurde, jahrlich Durchschnittsbodenproben von etwa 60 Schlägen auf Kali und Phosphorsäure zu untersuchen. Gleichzeitig wurden auch Böden der umliegenden Güter untersucht, da der Abteilung ab 1928 ein landwirtschaftlicher Versuchsring angeschlossen war. Wenn sich auch starke Unterschiede im Nährstoffgehalt der einzelnen Böden herausstellten, so kann doch gesagt werden, daß im allgemeinen die Böden hinsichtlich Phosphorsäure meist arm, hinsichtlich Kali etwas reicher waren. Es konnte nunmehr eine schlagindividuelle Düngung auf Grund der Mitscherlich-Analysen erfolgen. Späterhin wurde auch die rein chemische Untersuchungsmethode nach DIRKS in Anwendung gebracht, die eine befriedigende Übereinstimmung mit den Ergebnissen der MITSCHERLICHschen Gefäßversuche zeigte.

Eine Hauptarbeit bildete das Gebiet der Pflanzensortenprüfung. Es war festzustellen, welche Sorten der verschiedensten Kulturpflanzen zunächst in der hiesigen Praxis die anbauwürdigsten waren. Die Mitglieder des Versuchsringes hatten an diesen Fragen besonderes Interesse und haben die Arbeiten immer weitgehend unterstützt. Aber auch das Institut mußte zur Durchführung seiner züchterischen Arbeiten stets mit Sortenfragen auf dem laufenden bleiben. Es galt zunächst festzustellen, welche Sorten, die sich derzeit im Handel befanden, unter Müncheberger Verhältnissen die besten Leistungen vollbrachten und welche Mängel ihnen anhafteten. Mit diesen Sorten mußten die am Institut vorhandenen Zuchtstämme laufend verglichen werden, um nur Sorten entstehen zu lassen, die qualitativ wie quantitativ den vorhandenen überlegen sind. Es wurden in den letzten Jahren jährlich etwa geprüft:

50 Winterweizen,	5 Mais,
20 Sommerweizen,	20 Roggen,
20 Wintergersten,	20 Kartoffeln,
30 Sommergersten,	10 Markstammkohl und
25 Hafer,	einige Sojabohnensorten.

Zwischen diese bereits im Handel befindliche Sorten wurden aussichtsreiche Zuchtstämme des Kaiser Wilhelm-Instituts gestellt und mitgeprüft. Wertvolle Aufschlüsse über den Wert bzw. Unwert der neuen Sorten wurden dadurch gewonnen. Außerdem war es dadurch möglich, die neuen Zuchten an Hand des besten alten Materials zu vergleichen und zu kritisieren.

Im Rahmen der Versuchsringarbeit wurde eine Reihe von Fragen, die mit Düngung und Ackerbautechnik zusammenhängen, zu klären versucht. Es wurde das Gebiet der Stickstoffdüngung bearbeitet, das für die hiesigen leichten Böden eine ganz besondere Bedeutung hat. An Hand einer Unzahl von Versuchen wurden nach durchgeführter Rentabilitätsberechnung optimale Düngungsnormen aufgestellt, so bei

Winterweizen	80	kg	reines	N/ha
Sommerweizen	70	,,	,,	,,
Winterroggen	60	,,	,,	,,
Hafer	80	,,	,,	,,
Sommergerste	40	,,	,,	,,
Zuckerrüben	100	,,	,,	,,
Kartoffeln	80	,,	,,	,,

Die Normen wurden außerdem nach Vorfrucht zu gegebener natürlicher Düngung und Bodenklasse abgestuft. Es hat sich gezeigt, daß es auf den leichten Böden immer unvorteilhaft ist, gewisse Stickstoffmengen bereits im Herbst zu verabfolgen, da dieselben im Winter ausgewaschen werden und Verluste unausbleiblich sind. Die beste Zeit zur Verabfolgung künstlichen Stickstoffs scheint beim Wintergetreide im Frühjahr, beim Erwachen der Vegetation, zu sein, beim Sommergetreide zur Saatzeit. In trockenen Jahren wurden die größten Erfolge durch leicht löslichen Dünger, also Natronsalpeter und Kalksalpeter erzielt, in nassen Jahren schnitten die etwas schwerer löslichen Stickstoffdünger wie Kalkammonsalpeter, Kalkstickstoff und Kalkammoniak am besten ab. Bei sandigen Wiesen erwies sich Stickstoffdüngung als außerordentlich ertragssteigernd und lohnend. Je moor- bzw. torfhaltiger aber die Wiesen wurden, desto weniger lohnte sich die N-Düngung. Auf ausgesprochenen Moorwiesen war eine lohnende Ertragssteigerung durch Zusatz von künstlichem Dünger überhaupt nicht mehr möglich.

Die Stickstoffdüngung zu Lupinen und Luzerne war immer eine problematische Angelegenheit. Eine Reihe exakter Versuche bewies auch klar, daß Stickstoff zu Lupinen in Reinsaat überhaupt nicht wirkte, zu Luzerne so wenig, daß von einer Rente nie die Rede sein konnte. Eine Stickstoffdüngung hatte zu Lupinen nur Erfolg, wenn die Lupinen im Gemenge mit Hafer angebaut wurden.

Als die Süßlupine gefunden wurde, wurden Anbauversuche mit Lupinen getätigt, vor allem, um festzustellen, ob es vorteilhafter ist, die Lupinen rein oder im Gemenge mit Hafer oder Sommerroggen anzubauen. Es hat sich gezeigt, daß die Ertragsmenge an Lupinen im Gemenge mit Hafer nicht höher ist als in der Reinsaat, daß aber der zusätzlich erzeugte Hafer mengenmäßig so bedeutend war, daß dadurch die Rente des Lupinenbaues erst gewährleistet werden konnte. Während bei Reinanbau von Lupinen je Hektar 12 dz geerntet wurden, so wurde beim Anbau von Lupinen-Hafergemenge 12 dz Lupinen und außerdem 12 dz Hafer geerntet. Diese Erfahrungen wurden auch beim Süßlupinen-Vermehrungsanbau ausgenutzt und die Süßlupinen immer im Gemenge mit Hafer zum Anbau gebracht.

Bei Winterweizen war die Frage der Saatzeit und der Saatmenge zu klären. Es sollte vor allem festgestellt werden, ob sich die Kulturart Winterweizen mehr oder weniger gleich verhalten würde, oder ob große Abweichungen hinsichtlich der einzelnen Sorten bestünden. Es wurde in beiden Fällen festgestellt, daß die einzelnen Sorten sich sowohl hinsichtlich Empfindlichkeit gegen Saatzeit wie Saatmenge sehr verschieden verhalten. Während der Durchschnitt der Weizensorten Saatmengen von 140 kg/ha verlangte, so verlangte der am Kaiser Wilhelm-Institut gezüchtete Ostmärker nur 100 kg.

Es sollte festgestellt werden, wie weit es möglich war, in dem ungünstigen Müncheberger Klima Sojabohnen zu erzeugen. Im Jahre 1932 konnten von den besten Hallenser Sorten Erträge von 20 dz/ha Sojabohnen erzielt werden. Leider war dies 1933 nicht möglich, da in diesem Jahr die Sorten nicht zur Reife gelangten.

Die Radiumindustrie veröffentlichte Versuchsergebnisse aus Nordafrika und Frankreich, wonach durch Düngung mit radiumhaltigen Erden Pflanzenerträge ungeheuer gesteigert wurden. Diese Ergebnisse wurden mit Hilfe von Gefäßversuchen in Müncheberg 2 Jahre lang geprüft. Leider konnten die Angaben nicht bestätigt werden, da Ertragssteigerungen bei geringen Gaben radiumhaltiger Erde nur innerhalb der statistischen Fehlergrenze stattfanden, während bei starker Düngung mit radiumhaltigen Erden die verschiedensten Kulturpflanzen einfach starben.

1933 wurden umfangreiche Feldfutterversuche angestellt. Es sollte nachgewiesen werden, welche Feldfutterpflanzen die höchsten Nährwerteinheiten bzw. Eiweißerträge je Flächeneinheit auf Sandböden liefern. Hinsichtlich Eiweiß brachten die höchsten Erträge die Süßlupinen, es folgte Altenburger Flaschenkraut, Luzerne, Markstammkohl, Topinambur usw. Gelbe Süßlupinen brachten bis 11,20 dz Eiweiß/ha. Hinsichtlich Stärkewerteinheiten brachten die größten Massen Topinambur (Knollen + Kraut), dann Flaschenkraut, Futterrüben, Kartoffeln, Markstammkohl, Mais usw. Die Versuche sollen 1934 fortgesetzt werden.

Durch 5 Jahre hindurch wurde ein Versuch bearbeitet, der Material über den Abbau von Kartoffelsorten geben sollte. Es wurde festgestellt, daß sich hinsichtlich Abbau die einzelnen Sorten sehr typisch voneinander unterschieden, daß aber auffallenderweise die Müncheberger Böden keinen so starken Abbau zeigten, wie dies verschiedentlich erwartet wurde. Zwischen der vom Züchter gezogenen Originalsorte und 4. Müncheberger Nachbau bestanden ganz selten größere Unterschiede als 10—15% zuungunsten des 4. Nachbaus.

Herausgeber und verantwortlicher Schriftleiter: Dr.-Ing. e. h. Dr. ARNOLD BERLINER, Berlin W 9.
Verlag von Julius Springer in Berlin W 9.

GPSR Compliance

The European Union's (EU) General Product Safety Regulation (GPSR) is a set of rules that requires consumer products to be safe and our obligations to ensure this.

If you have any concerns about our products, you can contact us on ProductSafety@springernature.com

In case Publisher is established outside the EU, the EU authorized representative is:

Springer Nature Customer Service Center GmbH
Europaplatz 3
69115 Heidelberg, Germany

Batch number: 10684220

Printed by Printforce, the Netherlands